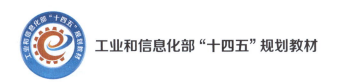

工业和信息化部"十四五"规划教材

# 互动媒体设计与制作

主　编　王继水　朱　轩
副主编　崔晓慧

北京理工大学出版社
BEIJING INSTITUTE OF TECHNOLOGY PRESS

## 内 容 简 介

本书以 Animate CC 2022 为蓝本，结合不同行业的运用方向，讲解 Animate 各个工具和功能的使用方法。全书共分为 9 个项目，首先对 Animate 的基础知识进行讲解，然后对常用工具、动画编辑进行介绍，包括绘制与填充图形，编辑动画对象、文本、声音和视频，图层与帧、元件、实例与库的使用；再逐步深入介绍各种类型动画的制作，如逐帧动画、补间动画、引导动画、遮罩动画、骨骼动画、摄像头动画和交互动画等。书中结合大量"实战""范例"对知识点进行讲解，还提供了"技巧"和"巩固练习""技能提升"等特色栏目来帮助学者学习和提升应用技能。

本书可作为各类院校数字媒体相关专业的教材，也可作为培训学校相关专业的教材，还可供 Animate 初学者自学使用。

**版权专有　侵权必究**

### 图书在版编目（CIP）数据

互动媒体设计与制作 / 王继水，朱轩主编. -- 北京：北京理工大学出版社，2023.11（2024.4 重印）

ISBN 978 - 7 - 5763 - 3255 - 1

Ⅰ. ①互… Ⅱ. ①王… ②朱… Ⅲ. ①多媒体技术 - 高等职业教育 - 教材 Ⅳ. ①TP37

中国国家版本馆 CIP 数据核字（2023）第 247354 号

责任编辑：王玲玲　　文案编辑：王玲玲
责任校对：刘亚男　　责任印制：施胜娟

| | |
|---|---|
| 出版发行 / | 北京理工大学出版社有限责任公司 |
| 社　　址 / | 北京市丰台区四合庄路 6 号 |
| 邮　　编 / | 100070 |
| 电　　话 / | (010) 68914026（教材售后服务热线） |
| | (010) 68944437（课件资源服务热线） |
| 网　　址 / | http://www.bitpress.com.cn |
| 版 印 次 / | 2024 年 4 月第 1 版第 2 次印刷 |
| 印　　刷 / | 河北盛世彩捷印刷有限公司 |
| 开　　本 / | 787 mm×1092 mm　1/16 |
| 印　　张 / | 18 |
| 字　　数 / | 420 千字 |
| 定　　价 / | 69.80 元 |

图书出现印装质量问题，请拨打售后服务热线，负责调换

# 前言

Animate 是 Adobe 公司推出的一款动画设计软件。它的功能强大，易学易用，深受动画爱好者和动画设计人员的青睐，已经成为多媒体领域流行的软件之一。目前我国很多高职院校的数字媒体专业都将 Animate 操作方法和技巧列为一门重要的专业课程。为了帮助高职院校的教师全面、系统地讲授这门课程，使学生能够熟练地使用 Animate 来进行动画设计，我们组织了一批优秀且具有丰富教学经验和实践经验的作者团队编写了这本书，以帮助高职院校能快速培养出优秀的互动媒体设计制作人才。

本书的结构经过精心的设计，按照"情境导入→任务目标→相关知识→任务实施→巩固练习→技能提升"这一思路编排内容结构，将职业场景、软件知识、行业知识等有机结合，各个环节环环相扣，浑然一体。本书以职业情境为先导，让学生了解所学相关知识点在实际工作中的应用情况；然后以任务目标为引领，让学生明确本次任务具体的制作要求；在此基础上，梳理并提供完成任务案例所应掌握的基本知识和技能，力求为后面的实际操作奠定基础；通过实施操作和课后练习，实现让学生将知识应用到实践的迁移，提高学生的实际应用能力；最后以项目案例所涉及的知识为主线，通过对软件功能的深入解析，使学生能更灵活地使用软件，掌握软件的更多高级功能。在内容编写方面，本书力求细致全面，重点突出；在文字叙述方面，注意言简意赅、通俗易懂；在案例选取方面，强调案例的针对性和实用性。

本书的教学目标是循序渐进地帮助学生掌握使用 Animate 制作动画，具体包括掌握 Animate 动画基础知识、Animate 基础动画制作、Animate 高级动画制作以及 Animate 交互动画制作等。全书共 9 个项目，可分为 3 个阶段的内容。

| 学习阶段 | 项目 | 技能目标 |
| --- | --- | --- |
| 基础 | 项目一～项目三 | ①了解动画、Animate CC 2022 基础知识<br>②掌握 Animate CC 2022 的基本操作<br>③掌握设置工作环境以及使用辅助工具的方法<br>④掌握线条、形状绘制方法，图形选择、修改和填充方法<br>⑤掌握对象的编辑与修饰方法 |

续表

| 学习阶段 | 项目 | 技能目标 |
|---|---|---|
| 提高 | 项目四~项目五 | ①掌握文本的编辑方法<br>②掌握图层和帧的基本操作<br>③掌握元件、实例、库的编辑方法<br>④能够制作逐帧动画、补间动画 |
| 精通 | 项目六~项目九 | ①能够制作引导动画、遮罩动画<br>②能够制作骨骼动画、摄像头动画<br>③掌握交互动画的制作方法<br>④能够测试、优化和发布动画 |

本书旨在帮助学生循序渐进地掌握 Animate 的相关应用，并能在完成案例的过程中融会贯通。本书具有以下特点：

（1）体系完整，内容全面。本书条理清晰、内容丰富，从 Animate CC 2022 的基础知识入手，由浅入深、循序渐进地介绍 Animate CC 2022 的各项操作，并辅以理论、案例、实训、练习等，加强读者对知识的理解与实际操作能力。

（2）立德树人，融入思政。本书精心设计、因势利导，依据专业课程的特点采取了恰当的方式融入中华传统文化、科学精神和爱国主义情怀等元素，注重挖掘其中的思政教育要素，弘扬精益求精的专业精神和工匠精神，培养学生创新意识，将"为学"和"树人"相结合。

（3）项目驱动，产教融合。本书精选企业真实案例，将实际的工作过程真实地再现到本书中，在教学过程中培养学生的项目开发能力。以项目驱动的方式展开知识介绍，提升学生学习和认知的热情。

（4）学练结合，实用性强。本书将理论讲解和案例相结合，通过大量的案例帮助学生理解、巩固所学知识，具有很强的可操作性和实用性。同时，还设有"巩固练习"和"技能提升"，以进一步提高学生的动手能力。

本书的编写和整理工作由常州机电职业技术学院和江苏大备智能科技有限公司联合完成，主要编写人员有王继水、朱轩和崔晓慧，另外，还得到江苏大备智能科技有限公司企业技术人员的支持，全体人员在本书编写过程中付出了辛勤的汗水，在此一并表示衷心的感谢！

尽管我们尽了最大的努力，但是由于水平有限，书中难免存在不妥之处，欢迎各界专家和读者朋友们给予宝贵意见，我们将不胜感激。

# 目 录

**项目一　初识 Animate 软件** ·········· 1
  **任务一　初识 Animate 动画** ·········· 1
    任务目标 ·········· 2
    相关知识 ·········· 2
    任务实施 ·········· 11
  **任务二　制作人物滑板动画** ·········· 13
    任务目标 ·········· 13
    相关知识 ·········· 14
    任务实施 ·········· 28
  巩固练习 ·········· 30
  技能提升 ·········· 31

**项目二　绘制和编辑图形** ·········· 33
  **任务一　绘制卡通机器猫图形** ·········· 33
    任务目标 ·········· 33
    相关知识 ·········· 34
    任务实施 ·········· 48
  **任务二　为大暑海报填色** ·········· 56
    任务目标 ·········· 56
    相关知识 ·········· 56
    任务实施 ·········· 64
  **任务三　制作公益插画** ·········· 69
    任务目标 ·········· 69
    相关知识 ·········· 70
    任务实施 ·········· 80
  巩固练习 ·········· 86
  技能提升 ·········· 88

## 项目三　添加和编辑文本·········································································89
### 任务一　制作女装 Banner 广告····················································89
#### 任务目标····················································································89
#### 相关知识····················································································90
#### 任务实施····················································································93
### 任务二　制作招聘 DM 单·······························································97
#### 任务目标····················································································97
#### 相关知识····················································································98
#### 任务实施····················································································99
### 巩固练习·······················································································103
### 技能提升·······················································································104

## 项目四　使用元件和素材·······························································106
### 任务一　制作环保海报·······························································106
#### 任务目标····················································································106
#### 相关知识····················································································107
#### 任务实施····················································································121
### 任务二　制作购物卡片·······························································127
#### 任务目标····················································································128
#### 相关知识····················································································128
#### 任务实施····················································································131
### 巩固练习·······················································································137
### 技能提升·······················································································137

## 项目五　制作基础动画···································································139
### 任务一　制作谷雨动态海报·······················································139
#### 任务目标····················································································139
#### 相关知识····················································································140
#### 任务实施····················································································152
### 任务二　制作时尚戒指广告·······················································159
#### 任务目标····················································································159
#### 相关知识····················································································160
#### 任务实施····················································································166
### 巩固练习·······················································································174
### 技能提升·······················································································175

## 项目六　制作高级动画···································································177
### 任务一　制作电商促销广告·······················································177
#### 任务目标····················································································177
#### 相关知识····················································································178

任务实施 ·········· 179
　任务二　制作电饭煲广告动画 ·········· 186
　　　任务目标 ·········· 186
　　　相关知识 ·········· 187
　　　任务实施 ·········· 189
　任务三　制作皮影文化宣传海报 ·········· 197
　　　任务目标 ·········· 197
　　　相关知识 ·········· 197
　　　任务实施 ·········· 206
　任务四　优化 MG 城市动画场景 ·········· 213
　　　任务目标 ·········· 213
　　　相关知识 ·········· 213
　　　任务实施 ·········· 217
　巩固练习 ·········· 221
　技能提升 ·········· 223

# 项目七　导入和处理多媒体 ·········· 225
　任务一　制作音乐片头动画 ·········· 225
　　　任务目标 ·········· 225
　　　相关知识 ·········· 226
　　　任务实施 ·········· 233
　任务二　制作水果宣传海报 ·········· 236
　　　任务目标 ·········· 237
　　　相关知识 ·········· 237
　　　任务实施 ·········· 239
　巩固练习 ·········· 241
　技能提升 ·········· 242

# 项目八　制作交互动画 ·········· 243
　任务一　制作"My Pets"动态相册 ·········· 243
　　　任务目标 ·········· 243
　　　相关知识 ·········· 244
　　　任务实施 ·········· 254
　任务二　制作问卷调查表 ·········· 258
　　　任务目标 ·········· 258
　　　相关知识 ·········· 259
　　　任务实施 ·········· 263
　巩固练习 ·········· 269
　技能提升 ·········· 270

## 项目九 导出和发布动画 ··· 273
### 任务一 优化"乡村雪夜"动画 ··· 273
#### 任务目标 ··· 273
#### 相关知识 ··· 274
#### 任务实施 ··· 274
### 任务二 发布"爱利箱包"H5广告 ··· 274
#### 任务目标 ··· 274
#### 相关知识 ··· 275
#### 任务实施 ··· 275
### 巩固练习 ··· 275
### 技能提升 ··· 277

## 参考文献 ··· 279

# 项目一

## 初识Animate软件

**【项目导读】**

Animate 是 Adobe 公司发布的一款矢量动画制作软件，主要用于实现动画的设计与制作，制作的动画可以应用到动画影片、广告设计、网站设计、教学设计、游戏设计等领域。在使用 Animate 制作动画前，需要先认识动画，掌握 Animate CC 2022 的基本操作方法、工作环境设置等，为后面制作动画做好准备。

**【知识目标】**

◇ 认识动画的基本概念。
◇ 了解 Animate 软件的基本知识。
◇ 熟悉 Animate CC 2022 的工作界面。
◇ 掌握 Animate CC 2022 的文档操作方法。
◇ 掌握 Animate CC 2022 工作环境的设置。

**【能力目标】**

◇ 能够创建 Animate 文件。
◇ 能够打开 Animate 文件。
◇ 能够预览制作的 Animate 动画。
◇ 能够编辑和保存 Animate 文件。

**【素质目标】**

◇ 培养学生学习动画的热情。
◇ 培养学生加深对动画的认识与理解。
◇ 培养学生加深对中华文化的认识，树立民族自豪感。
◇ 培养学生创造美、发现美的精神。

### 任务一 初识 Animate 动画

Animate CC 2022 软件是美国 Adobe 公司推出的专业动画制作软件，其前身为 Flash Professional CC。Animate CC 2022 在 Flash 的基础上做了很多改进，除了可以制作原有的以 ActionScript 3.0 为脚本的 SWF 格式的动画外，还新增了 H5 创作工具，为网页开发者提供更适应现有网页应用的音频、图片、视频、动画等创作支持。Animate CC 2022 能够帮助动画设计人员设计适用于各类场景的动画,并且其界面简介,功能强大,广受动画行业人士的青睐。

## 任务目标

练习打开 Animate CC 2022 文件并发布。使用 Animate CC 2022 打开一个 Animate 源文件,简单浏览后,将其发布为 HTML 网页文件。通过本任务的学习,可以掌握 Animate CC 2022 的启动和发布操作。本任务最后完成的效果如图 1-1 所示。

图 1-1 "豆丁的快乐日记"动画效果

## 相关知识

什么是动画?动画为什么受到大众的喜欢?Animate 作为一款动画制作软件,具有什么魅力,使它成为众多动画爱好者的选择呢?在学习 Animate 软件前,先介绍动画的概念、Animate 的特点优势、应用领域和文件类型等基础知识。

### 一、认识动画

#### (一)什么是动画

动画(animate)一词来源于拉丁文字根"anima",意思为"灵魂"。因此,可以理解为:动画是使用绘画的手法,使原本不具有生命的东西像获得了生命一般,它是一种创造生命运动的艺术。

动画的概念不同于一般意义的动画片,动画是通过把人或物的表情、动作等分解成许多动作画幅,然后用摄像机连续拍摄成一系列的图片,呈现出来的连续变化的画面。图 1-2

所示为植物生长过程的动画效果。

图 1-2　植物生长过程的动画效果

动画能直观地表现和抒发人们的情感，将现实中人们不可能看到的事件、人物等以动态变化的形式表现出来，从而激发人们的想象力和创造力。

（二）动画的类型

动画可以按不同的标准进行分类，主要有以下 3 种标准。

### 1. 按艺术形式划分

动画按艺术形式，可以划分为平面动画、立体动画和计算机合成动画。

1）平面动画

平面动画早期在纸面上绘制，以纸面绘画为主，是较为传统的动画类型。常见的平面动画有单线平涂动画、水墨动画和剪纸动画 3 种。

➥ **单线平涂动画**：单线平涂动画是指绘制动画时先勾勒线条，再在线条围成的区域内涂色。《大闹天宫》《黑猫警长》《灌篮高手》《樱桃小丸子》等都属于单线平涂动画，如图 1-3 所示。

图 1-3　单线平涂动画

➥ **水墨动画**：水墨动画是指将传统的中国水墨画运用到动画设计中，使动画效果变得唯美且有韵味。《小蝌蚪找妈妈》《鹬蚌相争》《山水情》《牧笛》等都属于水墨动画，如图 1-4 所示。

图1-4 水墨动画

🔽 **剪纸动画**：剪纸动画是将剪纸艺术运用到动画设计中，使动画效果更加精细且有创意。《渔童》《猪八戒吃西瓜》《葫芦兄弟》《金色的海螺》等都属于剪纸动画，如图1-5所示。

图1-5 剪纸动画

2）立体动画

立体动画又称动作中止动画，包括偶动画、实物动画和真人合成动画3种类型。

🔽 **偶动画**：偶动画又称为人偶动画，是指用黏土偶、木偶或混合材料制作的角色来展现的动画。在三维动画诞生前，偶动画是早期的三维动画。《神笔马良》《阿凡提的故事》《半夜鸡叫》《曹冲称象》等都属于偶动画，如图1-6所示。

图1-6 偶动画

🔽 **实物动画**：实物动画是指以日常生活中的物品（如牙膏、被子、衣服、水果、植物等）为设计对象制作的动画。在制作该动画时，制作者往往很重视物品的质感特性。《毛线玉石》《糖果体操》《桌面大战》等都属于实物动画。实物动画与偶动画的区别是，实物动画尽量保持动画的原貌，而偶动画则依据制作者心目中的形象重新塑造。如图1-7所示。

🔽 **真人合成动画**：真人合成动画是指采用动画的特技与实拍的演员场景合成制作的动画，包括真人与平面动画的结合式动画（如《空中大灌篮》《谁害了兔子罗杰》《快乐满人间》等）、真人与立体动画结合式动画（如《人和椅子》《飞天巨桃历险记》等）、真人与计算机三维动画结合式动画（如《纳尼亚传奇》《加菲猫》《精灵鼠小弟》等），如图 1-8 所示。

图 1-7　实物动画

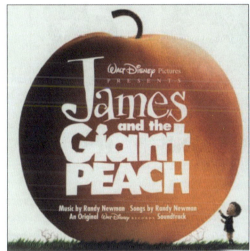

图 1-8　真人合成动画

3）计算机合成动画

计算机合成动画即使用计算机软件（如 Animate、Animo、Softimage 等）合成的动画，主要包括二维动画和三维动画两种。

↘**二维动画**：二维动画是指计算机辅助动画，又称关键帧动画。二维动画通常由线条、矩形、圆弧及样条曲线等基本图形元素构成，并使用大面积着色的方式上色。本书所介绍的 Animate CC 2022 软件就是二维动画制作软件。图 1-9 所示为使用 Animate CC 2022 制作的二维动画截图。

↘**三维动画**：三维动画又称 3D 动画，主要是通过三维动画软件（如 3DS Max、ZBrush、Maya、Mode、Blender、Cinema 4D、Lightwave 和 Houdin 等）以模拟真实物体的方式，将复杂、抽象的形象或内容，采用简化、形象、生动的形式表现出来。三维动画具有精简性、真实性和可操作性等特点，被广泛应用于各行各业的动画设计与场景制作中。图 1-10 所示为三维动画人物效果。

图 1-9　使用 Animate CC 2022 制作的二维动画截图

图 1-10　三维动画人物效果

### 2. 按传播途径划分

动画按传播途径，可划分为影院动画、电视动画和网络动画。

➡ **影院动画**：影院动画大多只在影院上映的动画片，分为短片与长片。影院动画具有一定的叙事性，其叙事结构与传统戏剧类似，具有明确的因果关系和完整的起承转合，以推动剧情发展。影院动画的任务角色形象丰富，并且个性鲜明、独特，能让观众较快地记住。《哪吒》《疯狂动物城》《寻梦环游记》等都属于影院动画，如图 1-11 所示。

图 1-11　影院动画

↳ **电视动画**：电视动画是为在电视上播放而制作的动画。与影院动画相比，电视动画的播出时间和制作成本相对较低，常以量取胜。电视动画主要有4种模式：①讲述固定角色在特定空间发生的故事的电视动画（如《三国演义》《那年那兔那些事儿》等）；②以人物性格的变化为主线，推动剧情发展的电视动画（如《画江湖之不良人》《斗破苍穹》等）；③从特定的职业和兴趣爱好出发，描述人物生活片段的电视动画（如《灌篮高手》《足球小将》等）；④虚拟的时空与假定的超能力的电视动画（如《哆啦A梦》《铁壁阿童木》等），如图1-12所示。

图1-12　电视动画

↳ **网络动画**：网络动画是指通过互联网传播的动画。网络动画比影院动画和电视动画的成本低，并且互联网和新媒体技术的发展，赋予了网络动画非常丰富的表现形式，如弹窗动画、横幅动画、H5动画等，如图1-13所示。

图1-13　网络动画

### 3. 按动画播放效果划分

动画按动画播放效果，可划分为顺序动画和交互式动画。

↳ **顺序动画**：顺序动画是指依据某个顺序进行连续动作而形成的动画。

▶ **交互式动画**：交互式动画是指在动画播放时支持事件响应和交互功能的一种动画。交互式动画在播放时可以接受某种控制，该控制可以是动画播放者的某种操作，也可以是在动画制作时预先准备的操作，如单击"上一页""下一页"按钮等操作，如图 1 – 14 所示。

图 1 – 14　交互式动画

## 二、Animate 的特点优势

Animate 动画之所以成为众多动画爱好者的选择，主要有以下 5 个方面的特点和优势。

▶ Animate 动画是由图片、动画、矢量图等制作完成的，并且动画文件较小，利于传播，因此，无论是在计算机、平板电脑还是手机等设备上播放 Animate 动画，都可以获得非常好的画质与播放效果。

▶ Animate 动画具有较强的交互性，用户可以通过单击、选择、输入或按键等方式与 Animate 动画交互，从而控制动画的运行过程与结果。这一点是传统动画无法比拟的，也是很多设计人员使用 Animate 制作动画的原因。

▶ Animate 动画采用先进的"流"式播放技术，可供用户边下载边观看，完全能适应当前网络的需要。

▶ Animate 支持多种图片、视频、音频等文件格式的导入，如 JPG、GIF、PNG、AI、PSD、DXF 等。其中，在导入 AI、PSD 等格式图片时，还可以保留矢量元素及图层信息。

▶ Animate 支持输出多种文件格式，包括 HTML 网页格式、SWF、GIF、MOV 等，能满足不同用户对文件格式的需要。

## 三、Animate 的应用领域

Animate 的应用领域主要有网页、网络游戏、网络广告、教学课件、产品宣传等。

▶ **网页**：Animate 动画文件小，可以在不明显延长网页加载时间的情况下，将网页的主题内容和风格展现给网页访问者，给访问者留下深刻印象，从而达到宣传网页的目的。图 1 – 15 所示为不同网页的片头动画。

▶ **网络游戏**：Animate 的绘图工具丰富，能够绘制美观、逼真的网络游戏画面，吸引用户对网络游戏产生兴趣，并且其强大的交互功能，还能制作各种交互动作，增加用户的体验感，因而在网络游戏中应用广泛。图 1 – 16 所示为网络游戏的截图。

图1-15 网页动画

图1-16 网络游戏

➢ **网络广告**：广告可以通过文字、图片、音频、视频和动画等多种形式呈现，Animate新增的H5创作工具，能够帮助动画设计人员更快速、更方便地制作出各种便于网页传输的广告动画。图1-17所示为某网络广告的效果图。

图1-17 某网络广告的效果图

➢ **教学课件**：使用Animate制作教学课件，能将枯燥的理论知识以动画的形式生动、形象地展现给学生。图1-18所示为使用Animate制作的教学课件。

➢ **产品宣传**：Animate拥有强大的交互功能，使用Animate可以制作出具有交互功能的产品宣传动画，以供用户通过各种互动操作查看产品的信息，从而更直接地宣传产品，如图1-19所示。

图 1-18 使用 Animate 制作的教学课件

图 1-19 产品宣传

## 四、Animate 的文件类型

Animate 提供了多种动画文件类型，以应对各种不同的播放环境，包括 HTML5 Canvas、WebGL、ActionScript 3.0、AIR for Desktop、AIR for Android 和 AIR for iOS 等 6 种，各类型的区别见表 1-1。

表 1-1 Animate 动画文件类型的区别

| 动画文件类型 | 脚本语言 | 运行环境 | 发布后的文件格式 |
| --- | --- | --- | --- |
| HTML5 Canvas | JavaScript、CreateJS 库 | 跨平台，支持 HTML5 的浏览器 | html、js、png 等 |
| WebGL | JavaScript | 跨平台，网页服务器，浏览器 | html、js、png 等 |
| ActionScript 3.0 | ActionScript 3.0 | 跨平台，FlashPlayer | swf |
| AIR for Desktop | ActionScript 3.0、AIR 库 | Windows 操作系统，需安装 | exe |
| AIR for Android | ActionScript 3.0、AIR 库 | Android 操作系统，需安装 | apk |
| AIR for iOS | ActionScript 3.0、AIR 库 | iOS 操作系统，需安装 | ipa |

在使用 Animate 的过程中，新建的文档大多是 ActionScript 3.0 文档，它是一种以 ActionScript 3.0 为脚本语言对动画进行编辑的文档。WebGL 类型的动画必须放置在网页服务器中，在本地不能直接播放。AIR for Desktop 文档适用于开发 AIR 的桌面应用程序，AIR for Android 文档适用于在安卓手机上开发应用程序，AIR for iOS 文档适用于在 iPhone 和 iPad 上开发应用程序，这 3 种类型文档必须安装在对应的操作系统中，主要用来制作多媒体应用程序，如无特别需要，一般也不会选择。HTML5 Canvas 类型文档采用的是目前较流行的网页动画技术——HTML5。

## 任务实施

### 一、打开 Animate 文件

安装好 Animate CC 2022 后，可以直接双击存储在计算机中的 Animate 源文件，启动 Animate CC 2022 打开 Animate 文件。另外，也可以先启动 Animate CC 2022 软件，再通过选择菜单命令的方式打开 Animate 文件。具体操作如下：

（1）启动 Animate CC 2022 软件后，选择"文件"→"打开"命令，或按"Ctrl + O"组合键，在弹出的"打开"对话框中选择需要打开的 Animate 文档，单击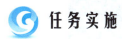按钮，打开所选择的 Animate 文档，如图 1–20 所示。

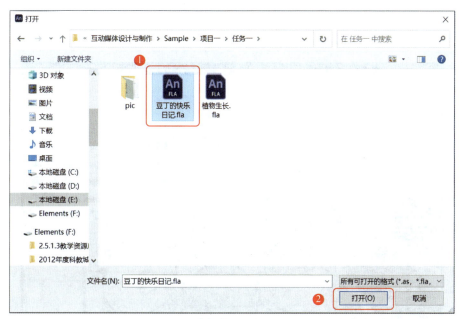

图 1–20　选择并打开 Animate 文件

（2）打开 Animate 文件后的效果如图 1-21 所示。

图 1-21　打开的 Animate 文件

## 二、预览和发布动画

打开 Animate 文件后，可以预览动画效果，然后再将其发布。具体操作如下：

（1）选择"控制"→"测试"命令，或按"Ctrl + Enter"组合键，Animate 将启动默认浏览器进行预览，如图 1-22 所示。

图 1-22　预览动画效果

（2）选择"文件"→"发布"动画，默认保存路径与源文件一致，打开保存发布文件的文件夹，可看到动画发布后生成的 HTML 网页文档、SWF 影片文件，如图 1-23 所示。

图 1-23　发布后的动画

## 任务二　制作人物滑板动画

动画的原理与电影、电视一样，都是基于人眼的视觉暂留原理。视觉暂留是光对视网膜所产生的视觉在光停止作用后，仍保留一段时间的现象，其具体应用是电影的拍摄和放映，是动画、电影等视觉媒体形成和传播的根据。人眼具有"视觉暂留"的特性，即人眼在看到一幅画和一个物体后，在 1/24 s 内不会消失。利用这一特性，可在一个画面还没有消失前播放下一个画面，给人一种流畅的视觉变化效果。在动画中，如果画面播放速度低于 24 帧/s，动画就会出现停顿的现象，大于或等于 24 帧/s，动画播放就会更加流畅。下面以制作人物滑板动画为例，讲解 Animate 动画的原理。

### 任务目标

新建一个 Animate 文件，并导入一张 GIF 动画图片，设置 Animate 文件的属性，最后保存这个 Animate 文件并发布动画。通过本任务的学习，可以掌握将 GIF 动画转换为 Animate 动画的方法，了解 Animate 动画的基本制作流程。本任务制作完成后的动画效果如图 1-24 所示。

图 1-24　人物滑板动画

## 相关知识

本任务动画的实现主要通过操作 Animate 的文档、Animate 工作界面提供的相关命令和工具等完成。下面将详细介绍 Animate CC 2022 的工作界面组成、文档常用操作和工作环境设置。

### 一、Animate CC 2022 的工作界面

Animate CC 2022 的工作界面主要由菜单栏、工具箱、场景和舞台、"时间轴"面板、"属性"面板、浮动面板组组成，如图 1-25 所示。

图 1-25　Animate CC 2022 工作界面

#### 1. 菜单栏

Animate CC 2022 的菜单栏包括文件、编辑、视图、插入、修改、文本、命令、控制、调试、窗口、帮助 11 个菜单，如图 1-26 所示。在制作 Animate 动画时，选择对应的菜单，并执行该菜单中相应的命令，即可实现特定的操作。各菜单的主要作用如下。

图 1-26　菜单栏

▶ "**文件**"菜单：主要功能是新建、打开、保存、发布、导出动画，以及导入外部图形、图像、声音、动画文件，以便在当前动画中进行使用，如图 1-27 所示。

▶ "**编辑**"菜单：主要功能是对舞台上的对象以及帧进行选择、复制、粘贴，以及自定义面板、设置参数等，如图 1-28 所示。

▶ "**视图**"菜单：主要功能是设置环境和舞台属性，包括放大、缩小、缩放比率、预览

模式等操作，如图 1-29 所示。

图 1-27 "文件"菜单　　图 1-28 "编辑"菜单　　图 1-29 "视图"菜单

▶ "插入"菜单：主要功能是创建图层、元件、动画以及插入帧，如图 1-30 所示。

▶ "修改"菜单：主要功能是修改动画中的对象，包括位图、元件、形状等，同时，对对象进行合并、排列、对齐、组合等操作，如图 1-31 所示。

▶ "文本"菜单：主要功能是修改文字的字体、大小、样式、对齐、字母间距、字嵌入等，如图 1-32 所示。

图 1-30 "插入"菜单　　图 1-31 "修改"菜单　　图 1-32 "文本"菜单

▶ "命令"菜单：主要功能是保存、查找、运行命令等，如图 1-33 所示。

▶ "控制"菜单：主要功能是测试、播放动画，包括播放、后退、转到结尾、前进一帧、后退一帧、测试、测试影片、测试场景、清除发布缓存等操作，如图 1-34 所示。

▶ "调试"菜单：主要功能是调试播放动画，包括调试、调试影片、继续、结束调试会话、跳入、跳过、跳出、切换断点等操作，如图 1-35 所示。

图 1-33 "命令"菜单　　图 1-34 "控制"菜单　　图 1-35 "调试"菜单

▶"窗口"菜单：主要功能是控制各个功能面板是否显示，以对面板进行布局设置，包括编辑栏、时间轴、工具、属性、库、画笔库、动画预设、VR 视图、帧选择器等操作，如图 1-36 所示。

▶"帮助"菜单：主要功能是获取 Animate 的帮助信息，包括 Animate 帮助、Animate 社区论坛、提交错误/功能申请、在线教程等操作，如图 1-37 所示。

图 1-36 "窗口"菜单　　图 1-37 "帮助"菜单

### 2. 工具箱

工具箱集合了 Animate CC 2022 的常用工具，用户只需选择相应的工具便可制作动画，如图 1-38 所示。

除此之外，Animate CC 2022 还提供了随用户需求添加、删除、重新排列工具的功能。用户可以将某个工具从工具箱中移至工具选项面板中，其方法是：单击工具箱中的"编辑工具栏"按钮，打开工具选项板，如图 1-39 所示。在工具箱中可选择需要移动的工具，按住鼠标左键不放，将其拖曳到工具选项板中。同样，若需要使用工具选项板中的工具，则可打开工具选项板，选择需要的工具，将其拖曳到工具箱中，便于后期操作。

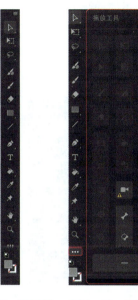

图 1-38　工具箱　　图 1-39　工具选项板

**教你一招**

在工具选项板中单击 ▤ 按钮，在打开的下拉列表框中选择"重置"选项，可以将工具箱中的工具重置为默认状态。

### 3. 场景和舞台

场景和舞台是动画设计的主要区域。在 Animate CC 2022 中可包含多个场景，场景是动画的画面，一个场景可以包含一个舞台。舞台是创作影片中各个帧的内容的区域，可以在其中绘制图像和安排导入的图像。图 1-40 所示即为整个场景的效果。

图 1-40　场景和舞台

为了满足不同动画的编辑，场景可以是一个，也可以是多个。选择"窗口"→"场景"命令，或者按"Shift + F2"组合键打开"场景"面板，分别单击"场景"面板底部的"添加场景"按钮 、"重置场景"按钮 和"删除场景"按钮 ，可以进行场景的添加、复置和删除操作，如图 1-41 所示。

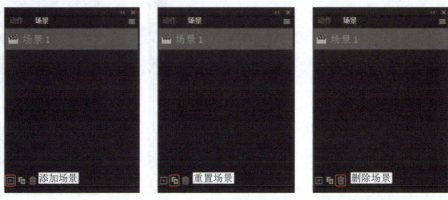

图 1-41 "场景面板"底部

### 4．"时间轴"面板

"时间轴"面板用于创建动画和控制动画的播放进程。其左侧为图层控制区，该区域用于控制和管理动画中的图层；右侧为时间线控制区，由播放指针、帧、时间轴标尺等部分组成，如图 1-42 所示。

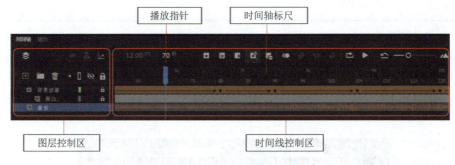

图 1-42 "时间轴"面板

### 5．"属性"面板

"属性"面板用于设置各种绘制对象、工具或其他元素（如帧）的属性。"属性"面板没有特定的参数选项，它会随着当前选择的内容显示相应的信息和设置。图 1-43 所示为文本对象的"属性"面板。

### 6．浮动面板组

用户在"窗口"菜单中选择相应的命令后，将打开对应的面板，这些面板即为浮动面板。在 Animate CC 2022 场景的右侧有很多浮动面板，如"库"面板、"颜色"面板、"对齐"面板等。另外，"属性"面板也属于浮动面板。

图 1-43 "属性"面板

## 二、Animate CC 2022 的文档操作

熟悉 Animate CC 2022 工作界面后，即可创建动画文件。在 Animate 中创建动画文件有多种方法，并且创建文件后还可以设置文件的属性。下面讲解 Animate 动画文件的基本操作。

### 1. 新建文档

在默认情况下，启动 Animate CC 2022 后，并不会自动新建文档，需要用户手动操作。新建文档的方法有以下两种。

↳ **创建动画文件**：选择"文件"→"新建"命令，或按"Ctrl + N"组合键，打开"新建文档"对话框，在上方选项卡中选择文档类型（左侧为常用尺寸选项，右侧为"详细信息"面板）。设置好各项参数后，单击 创建 按钮即可新建 Animate CC 2022 文档，如图 1 – 44 所示。

↳ **创建模板文件**：选择"文件"→"从模板新建"命令，打开"从模板新建"对话框，选择模板类别、模板选项后，在右侧可预览效果，单击"创建"按钮新建一个基于模板的 Animate 文档，如图 1 – 45 所示。

图 1 – 44　新建文档

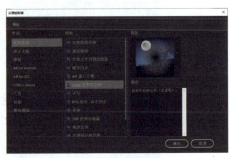
图 1 – 45　从模板新建

### 2. 打开文档

如果需要查看或编辑计算机中已有的动画文档，则可直接将其打开。常用的打开文档的方法有以下 3 种。

↳ **利用菜单命令**：选择"文件"→"打开"命令，或按"Ctrl + O"组合键，在弹出的"打开"对话框中选择需要打开的 Animate 文档，单击 打开(O) 按钮，打开所选择的 Animate 文档。

↳ **双击 Animate 软件**：找到需要打开的 Animate 文档，直接在该文档上双击，将其打开。

↳ **打开最近文件**：选择"文件"→"打开最近的文件"命令，在右侧的面板中选择需要打开的文件，可以快速打开最近打开过的 Animate 文档。

**教你一招**

在"打开"对话框中,也可以一次性打开多个文档,只需在文档列表中按住"Ctrl"键不放,依次单击要打开的文档,再单击 打开(O) 按钮,系统将逐个打开多个文档。

### 3. 导入素材文档

Animate CC 2022 可以导入各种格式文件的矢量图形、位图以及视频等素材文档。其主要方法有导入素材到舞台和导入素材到库。

➥ **导入素材到舞台**:将素材导入到舞台时,舞台显示该素材。其方法为:选择"文件"→"导入"→"导入到舞台"命令,打开"导入"对话框,选择需要导入的素材,单击 打开(O) 按钮。若素材包含多个图层,在打开的"导入到舞台"对话框中,将显示导入的素材文件,单击 导入 按钮,该素材将被导入到舞台中,如图 1-46 所示。注意:在导入素材时,矢量图素材将不会被保存到"库"面板中,只会在舞台中显示,位图素材在舞台中显示的同时,被保存到"库"面板中。

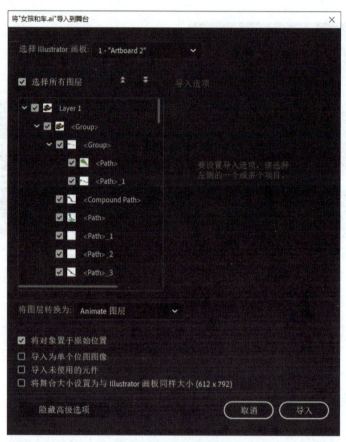

图 1-46 导入到舞台

➥ **导入素材到库**:将素材导入到库时,舞台将不显示该素材,只在"库"面板中显示。其方法为:选择"文件"→"导入"→"导入到库"命令,打开"导入到库"对话框,选择需要导入库的素材，单击 打开(O) 按钮。若素材包含多个图层，将打开"导入到库"对话框，在其中显示导入的素材文件，单击 导入 按钮，单个素材将直接导入"库"面板中。图1-47所示即为"库"面板中已经导入的素材图片。

图1-47 "库"面板

### 4. 保存文档

在制作动画时，要及时保存制作的动画效果，以免突发事故导致文档丢失。保存文档有以下两种方式。

↳ **另存文件**：选择"文件"→"另存为"命令，或按"Ctrl + Shift + S"组合键，将打开"另存为"对话框，在其中选择需要保存文档的位置并设置文档名称，单击 保存(S) 按钮，如图1-48所示。

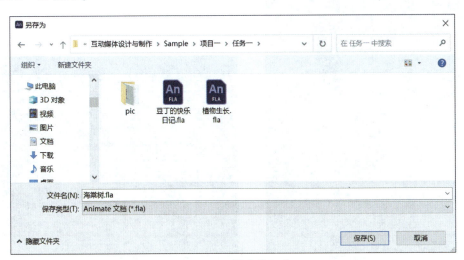

图1-48 "另存为"窗口

↳ **保存文件**：选择"文件"→"保存"命令，或按"Ctrl + S"组合键对文档进行保存，如果是第一次保存文档，则会打开"另存为"对话框，在设置保存位置后保存。

#### 5. 关闭文档

编辑完某个文档后,可将其关闭。关闭文档的方法有以下 3 种。

↳ **按钮命令关闭**:在动画文档的标题栏右侧单击"关闭"按钮 ✕ ,可关闭该标题对应的文档,如果单击 Animate CC 2022 窗口右上角的"关闭"按钮 ✕ ,则会在关闭所有文档后,退出 Animate CC 2022 程序。

↳ **菜单命令关闭**:选择"文件"→"关闭"命令,可关闭当前编辑的文档;选择"文件"→"全部关闭"命令,可关闭 Animate CC 2022 中所有打开的文档。

↳ **快捷键关闭**:按"Ctrl + W"组合键可以关闭当前编辑的文档;按"Ctrl + Alt + W"组合键可以关闭 Animate CC 2022 中所有打开的文档;按"Alt + F4"组合键会在关闭所有文档后,退出 Animate CC 2022 程序。

### 三、设置工作环境

#### 1. 设置舞台属性

新建动画文件后,在右侧的"属性"的"文档设置"栏中可以设置舞台大小、背景颜色和帧频(FPS)等属性,如图 1 - 49 所示。

↳ **设置舞台大小**:修改"文档设置"栏下的"宽""高"数值可修改舞台的宽度和高度。单击 🔒 按钮,将宽度和高度锁定后,可以使宽度和高度等比例缩放。勾选"缩放内容"复选框,可使舞台中的内容跟随舞台一同缩放。单击 更多设置 按钮,在打开的"文档设置"对话框中可以进行更多设置,如图 1 - 50 所示。

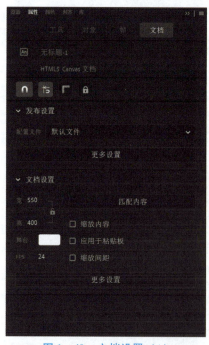

图 1 - 49  文档设置(1)

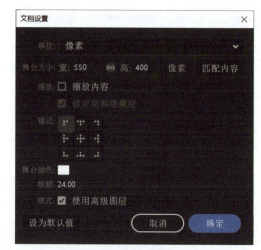

图 1 - 50  文档设置(2)

项目一 初识 Animate 软件

↳ **设置背景颜色**：单击"舞台"后的色块，在打开的"色板"面板中可以设置舞台的背景颜色，如图 1-51 所示。勾选"应用于粘贴板"复选框，可使粘贴板的颜色与舞台颜色相同。

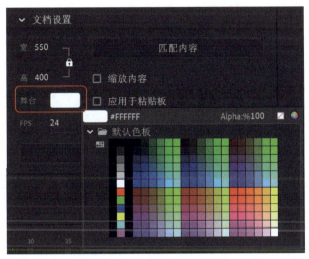

图 1-51 舞台背景颜色

↳ **设置帧频**：帧频（FPS）是指每秒钟放映或显示的帧或图像的数量，即每秒钟需要播放多少张画面。修改"FPS"后的数字即可修改帧频，若勾选"缩放帧间距"复选框，则时间轴中动画的持续时间会保持不变，否则，时间轴的动画的帧数会保持不变。

2. 设置场景显示

场景是制作 Animate 动画的场所，为了能更加方便地制作动画，需要随时对场景显示进行放大、缩小、移动等操作。在 Animate CC 2022 中对场景显示进行操作的方法有以下 5 种。

↳ **固定显示比例**：单击场景右上角的下拉列表框右侧的按钮 `100%`，在弹出的下拉列表框中选择相应的显示比例，窗口将按选择的比例显示。图 1-52 所示为选择"50%"选项后的效果。

图 1-52 显示比例

· · 23 · ·

➥ **缩小操作**：在工具箱中单击"缩放工具"🔍，将鼠标指针移动到场景中，单击鼠标左键可将场景放大。在工具箱下方的选项区域中单击"缩小"图标🔍，将鼠标指针移动到场景中，单击鼠标左键可缩小场景显示。

➥ **放大操作**：在制作动画的过程中，如果需要将图形的某个部分放大编辑，则可以在工具箱中单击"缩放工具"🔍，将鼠标指针移动到需要放大的图形上方，按住鼠标左键不放，在场景中拖曳鼠标框选需要放大的图形部分，释放鼠标左键。

教你一招

将鼠标指针移动至场景中，按住"Ctrl + Shift"组合键不放，然后滑动鼠标滚轮，也可以实现放大或缩小场景显示。

➥ **快捷键移动**：将鼠标指针移至场景中，按住键盘上的空格键不放，鼠标指针将变为 ✋ 形状，此时拖曳鼠标可移动场景。

➥ **工具移动**：当场景被放大后，如果需要编辑的图形部分在显示窗口中无法查看，则在工具箱中选择"手形工具"✋，将鼠标指针移动到场景中，当鼠标指针变为 ✋ 形状时，按住鼠标左键不放并拖曳鼠标，可以移动场景。

### 3. 面板的调整

在 Animate 中制作动画时，经常会使用多个不同的面板，在使用这些面板的过程中，可能会因为打开的面板太多而影响界面的整洁，此时可以对面板进行调整。

➥ **展开和折叠面板**：在默认情况下，Animate 的很多面板都呈折叠状态，如果需要把折叠的面板全部展示出来，则可以单击面板右上方的"展开面板"按钮 << 展开面板。当面板展开后，该按钮将变为"折叠为图标"按钮 >>，单击该按钮可折叠面板，如图 1-53 所示。

图 1-53 折叠和展开面板

↳ **移动面板**：在 Animate 中不仅可以对面板进行展开和折叠操作，还能够移动面板的位置，其方法为：将鼠标指针移动至面板的名称上，按住鼠标左键不放并拖曳鼠标，移动该面板，该面板将随意停放在任意位置，如图 1-54 所示。如果需要将移动后的面板吸附到其他面板上，则可选择面板，按住鼠标左键不放，拖曳鼠标至其他面板的边缘上，当该边缘出现蓝色框线时，再释放鼠标左键，该面板将吸附在其他面板的旁边，如图 1-55 所示。

图 1-54 移动面板

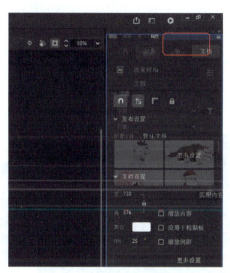

图 1-55 吸附面板

### 4. 标尺的使用

在默认情况下，标尺处于关闭状态，当启用标尺后，标尺会显示在场景的左侧和上侧，分别用于显示场景中指定元素的高度和宽度。

↳ **显示标尺**：要使用标尺，首先需要将其显示出来，其方法为：选择"视图"→"标尺"命令，或按"Ctrl + Alt + Shift + R"组合键，当标尺被显示出来后，选择场景中的元素，在左侧和上侧的标尺上分别出现两条线，用于显示元素的高度和宽度，如图 1-56 所示。

图 1-56 标尺

设置标尺的度量单位：标尺的默认单位为像素，用户可以选择"修改"→"文档"命令，在打开的"文档设置"对话框中更改标尺的单位，如图 1-57 所示。

5. 网格的应用

网格是指舞台上横竖交错的网状图案，在制作动画时，网格能帮助设计者定位图形的位置，快速绘制图形。

↘ 显示网格：选择"视图"→"网格"→"显示网格"命令，或按"Ctrl+'"组合键显示出网格。

↘ 设置网格：在默认情况下，网格是间隔 10 像素的灰色线条，用户可根据需要设置网格。其方法为：选择"视图"→"网格"→"编辑网格"命令，在打开的"网格"对话框中设置网格的颜色、显示状态、间距等，如图 1-58 所示。

图 1-57　设置标尺单位

图 1-58　设置网格

教你一招

在使用网格的过程中，若在"网格"对话框中勾选"贴紧至网格"复选框，然后移动场景中的元素，则该元素的边缘将会自动吸附到最近的网格线条上。

6. 辅助线的编辑

辅助线与网格类似，是一种横竖交错的线条，不仅可以在文档中辅助定位元素的位置，还可以根据需要设置辅助线显示的数量以及位置。因此，与网格相比，辅助线更加人性化。

↘ 添加辅助线：要显示辅助线，首先需要将标尺打开，然后移动鼠标指针至标尺上，按住鼠标左键不放并拖曳鼠标，添加一条辅助线，辅助线可以停放在场景中的任意位置，如图 1-59 所示。

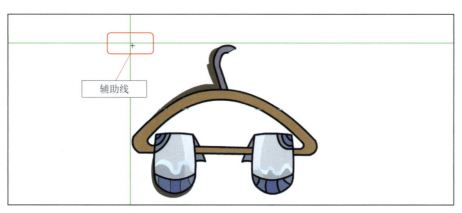

图 1-59 辅助线

▶ **显示/隐藏辅助线**：选择"视图"→"辅助线"→"显示辅助线"命令，或按"Ctrl + ;"组合键，可显示或隐藏辅助线。

▶ **锁定辅助线**：由于辅助线可随意拖曳，因此，在创建好辅助线后，为了避免不慎移动辅助线，可将其锁定，其方法为：选择"视图"→"辅助线"→"锁定辅助线"命令。

▶ **编辑辅助线**：在默认情况下，辅助线是淡蓝色的线条，若需要设置辅助线的颜色，则可选择"视图"→"辅助线"→"编辑辅助线"命令，在打开的"辅助线"对话框中，单击"颜色"色块，如图 1-60 所示，在打开的"色板"面板中设置辅助线的颜色。

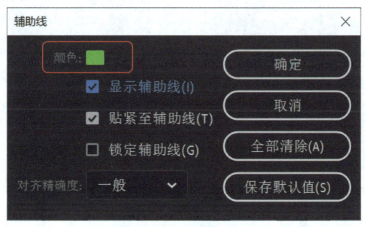

图 1-60 设置辅助线

▶ **删除和清除辅助线**：当不再需要某一条辅助线时，可将辅助线拖曳至场景外并删除。除了这种方式外，还可以选择"视图"→"辅助线"→"清除辅助线"命令，一次性删除所有辅助线。

需要注意的是，Animate 动画制作完成后，显示的标尺和辅助线都不会出现在最终的动画效果中。

任务实施

## 一、新建 Animate 文档

选择"文件"→"新建"菜单命令或按"Ctrl + N"组合键,均可创建 Animate 文件,下面以选择"文件"→"新建"菜单命令新建 Animate 文件为例进行介绍,具体操作如下。

(1)启动 Animate CC 2022,选择"文件"→"新建"菜单命令,在打开的对话框中选择要创建的 Animate 文件类型,设置舞台的宽度为 560 像素,高度为 420 像素,帧频为 12 fps,单击 按钮,完成 Animate 文件的创建,如图 1 – 61 所示。

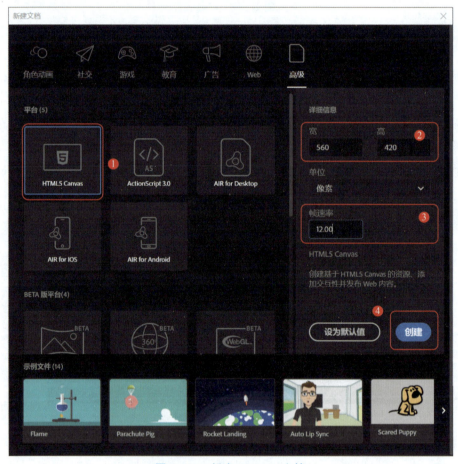

图 1 – 61　新建 Animate 文档

(2)选择"文件"→"保存"菜单命令或按"Ctrl + S"组合键,打开"另存为"对话框,在其中选择文件的保存位置,在"文件名"下拉列表中输入文件的名称,最后单击 按钮完成文件的保存,如图 1 – 62 所示。

项目一　初识 Animate 软件

图 1-62 "另存为"对话框

## 二、制作和预览 Animate 动画

在创建好的 Animate 文件中导入 GIF 动画文件可快速制作逐帧动画。被导入的 GIF 动画或图像序列自动以逐帧的方式添加，效果相当于快速并连续地播放这些图像，从而形成流畅的动画。

下面导入一个 GIF 文件，并预览和发布，具体操作如下。

（1）选择"文件"→"导入"→"导入到舞台"菜单命令或按"Ctrl + R"组合键，打开"导入"对话框，找到图片保存的位置，选择需要导入的 GIF 动画文件，然后单击 打开(O) 按钮，如图 1-63 所示。

图 1-63 导入 GIF 动画文件

（2）GIF 文件中的每一帧被同步添加到时间轴中，按"Enter"键预览，同时，"时间轴"面板中的指针也会跟着移动，如图 1-64 所示。

29

图 1-64　预览动画

（3）按"Ctrl + S"组合键保存 Animate 软件，选择"文件"→"发布"菜单命令或按"Alt + Shift + F12"组合键完成 Animate 动画的发布。

## 巩固练习

### 1. 根据模板新建动画文件

使用"HTML5 Canvas"类别下的"动画示例"模板创建一个动画文件，调整动画尺寸大小，并保存为"大象.fla"，参考效果如图 1-65 所示。

图 1-65　"大象"动画效果

### 2. 调整高山流水动画尺寸

现有一个"高山流水.fla"动画文件，尺寸大小为 550 像素 × 400 像素，帧频为 24 fps，动画场景的四周有很多空白区域，需要去掉空白区域，将画面尺寸调整为 459 像素 × 165 像素，帧频为 15 fps，参考效果如图 1-66 所示。

图 1-66 "高山流水"动画效果

## 技能提升

1. 使用 Animate CC 2022 打开以前版本的 Animate 动画文件时，为什么在保存时会打开一个兼容性对话框？

这是因为 Animate CC 2022 检测到动画文件版本低于当前版本，所以打开该对话框提醒用户升级当前动画文件的版本。通常情况下应选择将版本升级，如果该文件还需要用以前版本的 Animate 编辑，则建议另存修改的动画文件，否则，修改好的文件将无法用低版本的 Animate 打开。

2. 如果要将常用的舞台尺寸和背景颜色应用到每一个新建的动画文件，应如何操作？

若要将常用的舞台尺寸和背景颜色应用到每个新建的动画文件，可将其设置为 Animate 的默认值，方法：在"文档属性"对话框中设置要应用的舞台尺寸和背景颜色，然后单击 设为默认值 按钮，如图 1-67 所示。

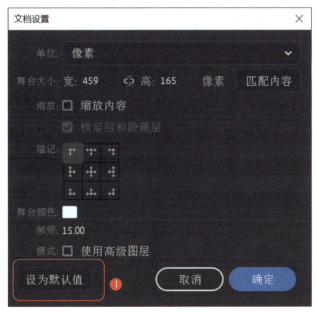

图 1-67 文档属性

3. 欢迎屏幕不见了，怎么恢复？

在欢迎屏幕中创建和打开文件非常方便，但有时可能因为某些原因而关闭了欢迎屏幕，此时可选择"编辑"→"首选参数"菜单命令，在打开的"首选参数"对话框中选择"常规"选项，单击 重置所有警告对话框(R) 按钮恢复欢迎屏幕，如图 1-68 所示。

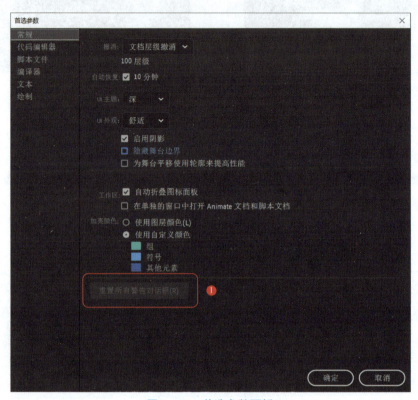

图 1-68　首选参数面板

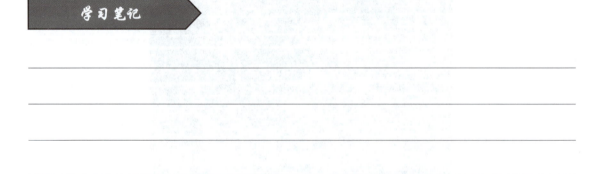

# 项目二

# 绘制和编辑图形

【项目导读】

图形是动画设计的基础,在 Animate 中使用绘图工具可以绘制出各种动画设计需要的图形素材,如线条、形状等,并为图形填充颜色,提升图形的美观度。这些图形还可以自由组合和编辑,生成复杂且美观的图像素材,如人物、场景、造型、图案等。

【知识目标】

◇ 掌握绘制线条图形的方法。
◇ 掌握绘制形状图形的方法。
◇ 掌握编辑图形的基本方法。
◇ 掌握修改图形和填充图形的方法。

【能力目标】

◇ 能够绘制卡通宣传形象。
◇ 能够制作 H5 海报。
◇ 能够绘制插画。

【素质目标】

◇ 培养学生绘图的想象力。
◇ 培养学生绘图的创造力。

## 任务一 绘制卡通机器猫图形

绘制各种图形,并将这些图形组合成更加复杂的图形是开始制作动画的基础。本任务是绘制一个卡通机器猫的 Animate 动画,其中涉及几何绘图工具、自由绘图工具和选择类型工具的使用。

### 任务目标

利用线条工具、椭圆工具、钢笔工具和选择工具等绘制卡通机器猫图形,并为其填充颜色,进一步掌握几何绘图工具、自由绘图工具和选择类型工具的使用方法。本任务制作完成后的最终效果如图 2-1 所示。

互动媒体设计与制作

图2-1 "机器猫"动画效果

## 相关知识

在学习绘制图形之前,需要了解 Animate 中常用的绘图工具,并初步学习各种绘图工具的使用方法。

### 一、几何绘图工具

在 Animate 中要绘制直线、矩形、椭圆等几何图形时,可以使用几何绘图工具,下面介绍这些工具的使用。

#### (一) 线条工具

"线条工具" ╱ 主要用于绘制直线等线条图形。其绘制方式为:在工具箱中选择"线条工具",在"属性"面板中设置线条的笔触颜色、笔触大小、样式、宽度等参数后,在舞台中单击确定起始点,按住鼠标左键不放,拖曳鼠标就可以绘制出不同的线条,如图2-2所示。

图2-2 线条效果

在"线条工具"的"属性"面板中可以设置线条的绘图模式、颜色、粗细、样式等属性。

↘**对象绘制模式** ⬚：开启和关闭对象绘图模式可以确定在绘制形状时是否将其作为一个单独的对象。在开启对象绘制模式下，所绘制的线条将是一个单独的图形对象，叠加在其他对象上时，不会自动与之合并在一起，如图 2-3 所示；在关闭对象绘制模式下，各图形之间会相互影响，如颜色相同的内容会融合成一个对象，颜色不同的内容会覆盖原有的图形，相交的线条会被截断等，如图 2-4 所示。

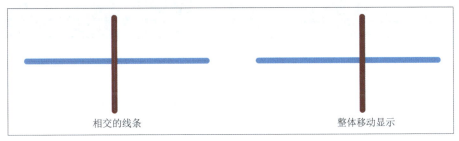

图 2-3　开启对象绘制模式下的线条

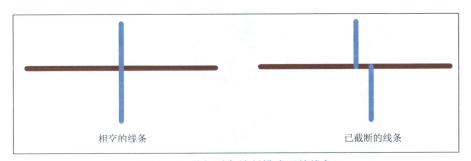

图 2-4　关闭对象绘制模式下的线条

↘**笔触**：笔触主要用于设置线条的颜色。单击"笔触"前的色块，将打开"色板"面板，如图 2-5 所示。在"色板"面板中可以设置线条的颜色，如果默认色板不能满足设计的需求，则单击右上角的 ⬚ 按钮，打开"颜色选择器"对话框，在该对话框中输入具体的颜色值。

图 2-5　笔触面板

↘**样式**：主要用于设置线条的样式，单击右侧的下拉按钮 ⬚，在打开的下拉列表框中可以选择预设的常用线条类型，如实线、虚线、点状线、锯齿线等，如图 2-6 所示。单击样式右侧的"样式选项"按钮，打开的下拉列表框中列出了"笔触样式""画笔库"两个选项，在其中可以设置笔触样式和其他画笔样式，如图2-7所示。

图2-6 线条样式

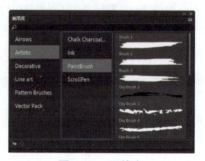

图2-7 画笔库

▶ **宽**：主要用于设置线条的宽度样式。在默认情况下，使用线条工具绘制出的线条各个部分的宽度是相同的。单击"宽"右侧的下拉按钮 ，在其下拉列表中可以选择7种宽度样式，使用这些宽度样式可以绘制笔触大小不均匀的线条。图2-8所示为使用"宽度配置文件5"绘制出来的效果。

图2-8 使用"宽度配置文件5"绘制出来的效果

▶ **缩放**：主要用于设置缩放笔触的方式。其中，"一般"是默认设置，表示始终缩放粗细；"水平"表示垂直缩放对象时，不缩放粗细；"无"表示从不缩放粗细。

▶ **提示**：勾选"提示"复选框，可启动笔触提示功能，防止出现模糊的垂直线或水平线。

▶ **端点** ：端点主要分为平头端点、圆角端点、矩形端点三种类型，如图2-9所示。

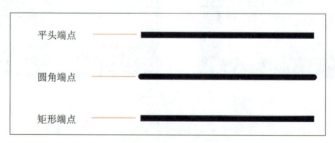

图2-9 端点效果

项目二　绘制和编辑图形

▶ **连接** ：连接是指两根线条的连接处，也就是拐角的端点形状，主要分为尖角连接、斜角连接、圆角连接三种形式。其中，选择"尖角连接"时，可在其下方"尖角"文本框中输入尖角的数值（1~3），便于调整连接效果。

教你一招

选择"线条"工具时，如果按住 Shift 键的同时拖曳鼠标绘制，可以在45°或45°的倍数方向绘制直线。

### （二）矩形工具

"矩形工具" ■ 和"基本矩形工具" ■ 都用于绘制矩形图形，其中，使用"矩形工具"绘制出来的矩形边框和填充内容是分离的，可以单独对部分边框和填充内容进行设置，而使用"基本矩形工具"绘制的矩形是一个整体，不能分离或单独设置。

绘制矩形时，不但可以设置笔触大小和样式，还可以通过设置矩形的边角来修改矩形的形状，图2-10所示为使用矩形工具绘制的卡通表情。其绘制的方法为：选择"矩形工具"或"基本矩形工具"，在属性面板中设置笔触和填充颜色后，直接在舞台中拖曳鼠标绘制矩形。

图2-10　使用矩形工具绘制的卡通表情

下面讲解使用"矩形工具"和"基本矩形工具"绘制不同形状矩形的方法。

▶ **绘制矩形和正方形**：在"属性"面板中选择"矩形工具"或"基本矩形工具"，在舞台中拖曳鼠标可绘制出矩形，按住"Shift"键拖曳鼠标可绘制出正方形，如图2-11所示。

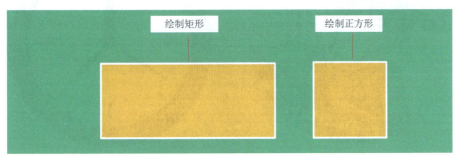

图2-11　绘制矩形和正方形

↪ **绘制圆角矩形和倒圆角矩形**：选择"矩形工具"和"基本矩形工具"，在"属性"面板中将"矩形边角半径"设置为正值，可以绘制出圆角矩形，将"矩形边角半径"设置为负值，可以绘制出倒圆角矩形，如图 2-12 所示。

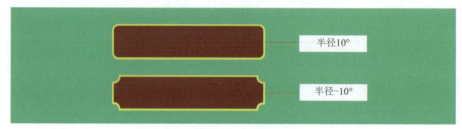

图 2-12  绘制圆角矩形和倒圆角矩形

↪ **绘制半径值不同的圆角矩形**：选择"矩形工具"和"基本矩形工具"，在"属性"面板中单击"单个矩形边角半径"按钮 ，4 个"矩形边角半径"的文本框被激活，此时可以将 4 个边角半径设置为不同的值，如图 2-13 所示。

图 2-13  绘制半径值不同的圆角矩形

### （三）椭圆工具

"椭圆工具" 和"基本椭圆工具" 用于绘制椭圆、正圆、圆环、扇形等图形。其中，使用"椭圆工具"绘制出的形状，边框和填充内容是分离的，可以单独对部分边框和填充内容进行设置。而"基本椭圆工具"绘制的形状是一个整体，不能分离或单独进行设置，可以重新对"开始角度""结束角度""内径"等属性进行调整。图 2-14 所示为使用"椭圆工具"和"基本椭圆工具"绘制的图标效果。

图 2-14  圆形图标效果

下面讲解"椭圆工具"和"基本椭圆工具"的使用方法。

↳ **绘制椭圆和正圆**：选择"椭圆工具"和"基本椭圆工具"，在舞台中拖曳鼠标可绘制出椭圆，按住"Shift"键拖曳鼠标可绘制出正圆，如图 2-15 所示。

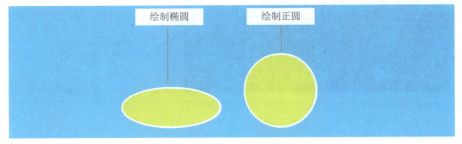

图 2-15　绘制椭圆和正圆

↳ **绘制扇形**：选择"椭圆工具"和"基本椭圆工具"后，在"属性"面板中设置"开始角度"和"结束角度"，再拖曳鼠标，可绘制出扇形，如图 2-16 所示。

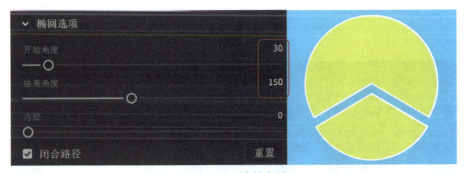

图 2-16　绘制扇形

↳ **绘制圆环**：选择"椭圆工具"和"基本椭圆工具"后，在"属性"面板中设置"内径"，然后拖曳鼠标可绘制出圆环，如图 2-17 所示。

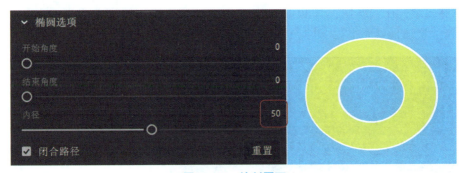

图 2-17　绘制圆环

↳ **绘制圆弧**：选择"椭圆工具"和"基本椭圆工具"后，在"属性"面板中设置"开始角度"和"结束角度"，并取消勾选"闭合路径"复选框，然后拖曳鼠标可绘制出圆弧，如图 2-18 所示。

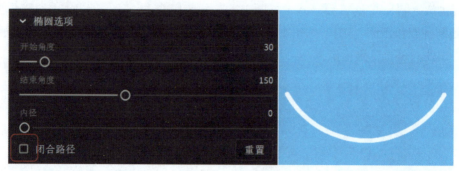

图 2-18　绘制圆弧

### （四）多角星形工具

"多角星形工具" 多用于绘制几何多边形和星形图形，并可以设置图形的边数以及星形图形顶点的大小。下面讲解使用多角星形工具绘制各种多角星形的方法。

➥ **绘制多边形**：选择"多角星形工具"，在"属性"面板的"样式"下拉列表中选择"多边形"选项，在"边数"文本框中输入多边形的边数，在舞台中拖曳鼠标绘制出多边形，如图 2-19 所示。

图 2-19　绘制多边形

➥ **绘制星形**：在"属性"面板的"样式"下拉列表中选择"星形"选项，然后设置"边数"和"星形顶点大小"，再拖曳鼠标绘制出星形，如图 2-20 所示。

图 2-20　绘制星形

**教你一招**

多角星形工具的边数和星形顶点大小不能随意设置，其取值范围分别为 3~32、0.00~1.00。

## 二、自由绘图工具

使用几何绘图工具只能绘制出简单的形状，在实际制作中，用户更多的是自行绘制自由的线条，再由这些线条组成特定的形状。Animate 提供了强大的自由绘图工具，包括铅笔工具、钢笔工具、画笔工具和刷子工具，使用这些工具可以绘制各种矢量图，下面讲解这些绘图工具的使用方法。

### （一）铅笔工具

使用"铅笔工具"不仅可以绘制直线，还可以绘制曲线。"铅笔工具"的使用方法与"线条工具"的基本相同，在"属性"面板中设置铅笔工具的参数后，在舞台上单击鼠标左键确定起始位置，然后拖曳鼠标，即可进行绘制，完成后释放鼠标左键。图 2-21 所示为使用铅笔工具绘制的图形效果。

图 2-21 铅笔工具绘制的图形效果

选择"铅笔工具"后，在"属性"面板中单击"铅笔模式"按钮，打开的下拉列表框中列出了铅笔的 3 种绘图模式，如图 2-22 所示。选择不同的绘图模式，将出现不同的绘图效果。

**伸直模式**：选择"伸直"模式后，绘制的线条是比较规则的状态，常用于绘制一些相对较规则的几何图形。

**平滑模式**：选择"平滑"模式后，通过对平滑值进行适度的调整，就可以拖曳鼠标绘制线条。绘制的线条是流畅自然的状态，常用于绘制一些相对柔和、细致的图形。

图 2-22 "铅笔模式"界面

☛ **墨水模式**：选择"墨水"模式后，绘制的线条将完全反映鼠标指针的路径，常用于绘制不用修改的手绘线条。

在"铅笔工具"的"属性"面板可以设置不同的笔触颜色、笔触大小、笔触样式和笔触宽度。其方法为：在"属性"面板中单击"样式"右侧的"样式选项"按钮 ■■■，在打开的下拉列表框中选择"编辑笔触样式"选项，打开"笔触样式"对话框，如图 2-23 所示，在对话框中可以自定义笔触样式。

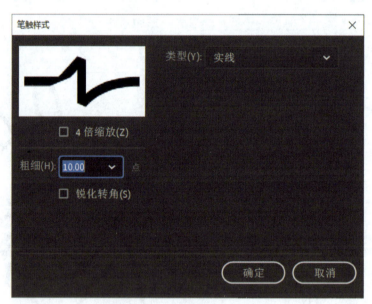

图 2-23 "笔触样式"对话框

☛ **4 倍缩放**：可以放大 4 倍来预览设置不同选项后产生的效果。
☛ **粗细**：可以设置线条的粗细。
☛ **锐化转角**：勾选此选项可以使线条的转折效果变得明显。
☛ **类型**：可以在下拉列表中选择线条的类型。

（二）钢笔工具组

Animate 中的钢笔工具组主要包括钢笔工具、添加锚点工具、删除锚点工具和转换锚点工具。

## 1. 钢笔工具

"钢笔工具"  是以贝塞尔曲线的方式绘制和编辑图形的，主要用于绘制精确的路径，如直线或平滑流畅的曲线。图2-24所示为使用钢笔工具绘制的 logo 形状效果。

图2-24 使用"钢笔"工具绘制 logo 标记

下面讲解钢笔工具的使用方法。

➡ **绘制直线**：选择"钢笔工具"，在图像中单击产生锚点，此时在生成的锚点之间将出现直线线条，如图2-25所示。

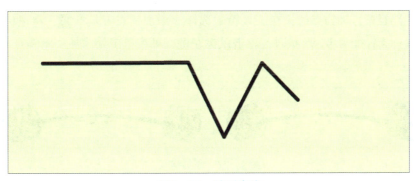

图2-25 绘制直线

教你一招

绘制直线时，只能单击鼠标左键，不能拖曳，否则，会绘制出曲线。另外，在绘制直线时按住"Shift"键，可以绘制水平、垂直和以45°为增量的直线。

➡ **绘制曲线线段**：选择"钢笔工具"，在图像上单击并拖曳鼠标，生成带控制柄的锚点，继续单击并拖曳鼠标创建第2个锚点，如图2-26所示。在拖曳过程中，可调整控制柄的方向和长度，控制路径的走向，绘制出光滑的曲线。

➡ **绘制曲线转折线段**：选择"钢笔工具"，在图像上单击并拖曳鼠标绘制一条曲线段，将鼠标指针放在最后一个锚点上，按住"Shift"键，单击鼠标左键，可以删除控制柄，继续在其他位置上单击，创建由曲线转化为直线的线段。

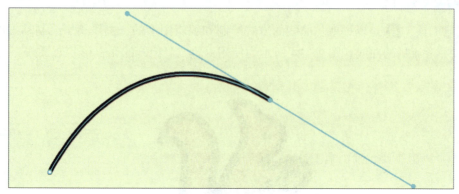

图 2-26　绘制曲线

**教你一招**

结束一段开放式路径的绘制主要有三种方式：一是按住"Ctrl"键（转换为直接选择工具），在画面空白处单击；二是选择其他工具；三是直接按"Esc"键。

### 2. 添加锚点工具

当需要对路径段添加锚点时，在工具箱中选择"添加锚点工具" ，将鼠标指针移动到路径上，当鼠标指针变为 形状时，单击鼠标左键，可在单击处添加一个锚点，如图 2-27 所示。

图 2-27　添加锚点

### 3. 删除锚点工具

当需要删除路径上的锚点时，在工具箱中选择"删除锚点工具" ，将鼠标指针移动到需要删除的路径锚点上，当鼠标指针变为 形状时，单击鼠标左键，即可将该锚点删除，如图 2-28 所示。

图 2-28　删除锚点

### 4. 转换锚点工具

在绘制路径时，有时会因为路径的锚点类型不同而影响路径形状，通过转换锚点工具可以转换锚点类型，从而调整路径形状。在工具箱中选择"转换锚点工具" ，将鼠标指针移动到路径上，当鼠标指针变为 形状时，单击鼠标左键，可以将该锚点从曲线锚点转换为直线锚点，如图2-29所示。

图2-29 转换锚点

### （三）画笔工具组

画笔工具组主要包括画笔工具、传统画笔工具和流畅画笔工具。

#### 1. 画笔工具

"画笔工具" 主要用来辅助"钢笔工具" 完成角色的绘制，常用于绘制线稿。图2-30所示即为使用画笔工具绘制的线稿效果。其使用方法为：选择"画笔工具"，在舞台上单击鼠标左键，按住鼠标左键不放，拖曳鼠标随意绘制图形，最后释放鼠标左键完成绘制。

图2-30 画笔线稿效果

选择"画笔工具"后，在"属性"面板中除了"对象绘制模式""画笔模式"外，还包括"绘制为填充色""使用倾斜""使用压力"3种模式，如图2-31所示。

↘ **绘制为填充色**：单击"绘制为填充色"按钮，绘制后的图形不再是线条，而是填充区域。

↘ **使用倾斜**：单击"使用倾斜"按钮，下方的"宽"列表将变为"斜度感应"。在绘制形状时，将根据绘制笔触的轻重程度自动调整线条形态。

↘ **使用压力**：单击"使用压力"按钮，下方的"宽"列表将变为"使用压力"。在绘制形状时，可通过画笔压力调整笔触效果。

45

图2-31 画笔工具的模式设置

### 2. 传统画笔工具

"传统画笔工具"能绘制不同画笔形状的图形效果,其使用方法与画笔工具的使用方法基本相同。选择"传统画笔工具",其"属性"面板的"传统画笔选项"栏中包含"画笔类型"按钮和"大小"选项,可用于设置画笔的形状和大小,如图2-32所示。

图2-32 画笔类型和大小

"传统画笔工具"还提供了5种画笔模式供用户选择,不同模式下的绘制效果如图2-33所示。

图2-33 各种画笔模式的绘制效果

- 标准绘画:该模式绘制的图形会直接覆盖下面图形的笔触和填充。
- 仅绘制填充:该模式绘制的图形将只会覆盖填充,而不覆盖笔触。
- 后面绘画:该模式绘制的图形将会呈现在其他图形的后方。
- 颜料选择:该模式只能在选择颜色后,在选择的颜色内部进行绘制,而不能在笔触和外部舞台进行绘制。

⬇ **内部绘画**：该模式只能在内部填充上绘图（对线条无影响）。如果在图形外绘制颜色，则不会显示绘制的颜色。该填充不会影响任何现有的填充区域。

### 3. 流畅画笔工具

"流畅画笔工具" 是 Animate CC 2022 新增的画笔工具，该工具不但具有画笔工具的特性，还新增了用于配置线条样式的选项，使绘制的效果更加连贯、美观。图 2-34 所示即为使用流畅画笔工具绘制的人物图形效果。

"流畅画笔工具"的"流畅画笔选项"除了可设置常用的大小、锥度、角度和圆度外，还提供了"稳定器""曲线平滑""速度""压力"选项，方便用户绘制和编辑图像。

图 2-34 流畅画笔绘制人物图形效果

⬇ **稳定器**：在绘制笔触时刻，避免轻微的波动变化。

⬇ **曲线平滑**：有助于减少在绘制笔触后生成的总体锚点数量。

⬇ **速度**：根据线条的绘制速度确定笔触的外观。

⬇ **压力**：根据画笔的压力调整笔触。

教你一招

---

在使用画笔工具的过程中，除了使用"画笔工具"绘制形状外，还可以使用艺术画笔来美化整个效果。其具体的操作方法为：在工具箱中选择"画笔工具"，在"属性"面板中的"样式"栏右侧单击 ▦ 按钮，在打开的下拉列表框中选择"画笔库"选项，打开"画笔库"面板，在其中可查看和选择预设样式，使用艺术画笔进行绘制。

---

### 三、选择类型工具

#### （一）选择工具

使用"选择工具" ▶ 可以选择任意对象，包括矢量图、元件、位图等，选择对象后，还可以移动对象。

在工具箱中选择"选择工具"，将鼠标指针移动到舞台中需要选择的对象上，当鼠标指针变为 ▶ 形状时，单击鼠标左键即可选择对象；若按住鼠标左键不放并拖曳鼠标，到目标位置后释放鼠标左键，则可移动选择的对象，如图 2-35 所示。

图 2-35　利用选择工具移动对象

### (二) 部分选择工具

"部分选择工具" ▶ 用于编辑图形的形状,主要有移动节点和调整节点控制柄两种编辑方式。

▶ **移动节点**:使用"部分选择工具"单击需要编辑的图形,该图形将显示边缘路径和节点,选择某个节点后,按住鼠标左键不放并拖曳鼠标,可移动该节点的位置,如图 2-36 所示。

▶ **调整节点控制柄**:使用"部分选择工具"选择某个节点后,该节点会显示出两条控制柄,拖曳控制柄可以调整节点两侧曲线的形状,如图 2-37 所示。

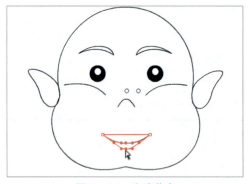

图 2-36　移动节点

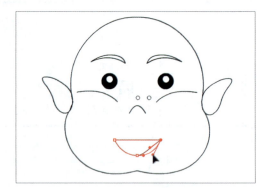

图 2-37　调整节点控制柄

## 任务实施

"机器猫"是一个家喻户晓的动画角色,从 1970 年诞生至今更新了 3 000 多集。现需要为该动画片的宣传绘制卡通形象,体现动画主题,展示品牌形象。为了保证绘制的形象能够清晰地展现效果,要求文件尺寸大小为 600 像素×600 像素,设计要求展现机器猫的卡通形象。

（1）启动 Animate CC 2022，选择"文件"→"新建"菜单命令，打开"新建文档"对话框，在右侧的"详细信息"栏中设置"宽"和"高"均为"600"，单击 创建 按钮，如图 2－38 所示。

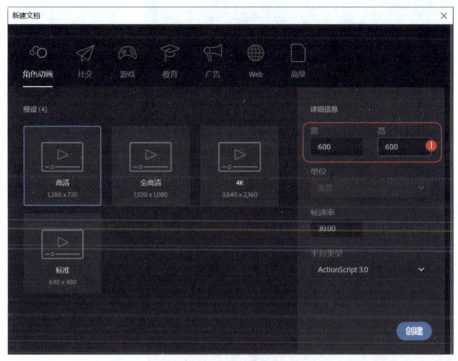

图 2－38　新建文档

（2）在工具箱中选择"椭圆工具"，在"属性"面板中单击"填充"栏前的色块，打开"色板"面板，设置椭圆的颜色为"#0093D6"。单击"笔触"栏前的颜色框，在打开的"色板"面板中，设置笔触颜色为"#000000"，大小为 1，如图 2－39 所示。

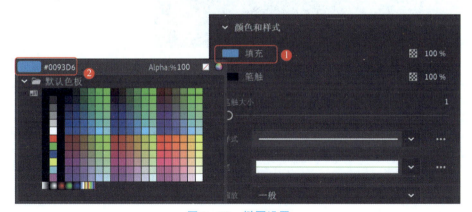

图 2－39　椭圆设置

（3）在舞台上按住"Shift"键不放，拖曳鼠标绘制正圆，完成后，使用"选择工具"选择绘制的正圆，在右侧的"属性"面板中，设置"宽"和"高"均为"200"，并将圆移动到舞台的中间，如图 2－40 所示。

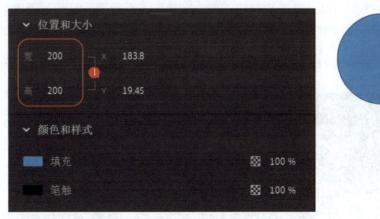

图 2－40 绘制正圆

（4）选择"椭圆工具"，在"属性"栏中设置填充颜色为"#FFFFFF"，笔触颜色为"#000000"，"笔触大小"为"1"，在图形的正下方绘制 164 像素 × 152 像素的椭圆，用作机器猫的脸部，如图 2－41 所示。

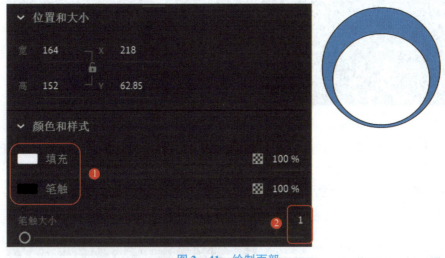

图 2－41 绘制面部

（5）选择"椭圆工具"，在"属性"栏中设置填充颜色为"#FFFFFF"，笔触颜色为"#000000"，"笔触大小"为"1"，在脸部椭圆的左上方确定起始点，按住"Shift"键不放，拖曳鼠标绘制 50 像素 × 50 像素的正圆。按住"Alt + Shift"组合键水平向右复制一个，制作出机器猫的眼眶，如图 2－42 所示。

（6）选择"椭圆工具"，在"属性"栏中设置填充颜色为"#000000"，设置"笔触"为 ⌀，绘制黑色椭圆作为眼球，并选择"部分选择工具"，调整节点控制柄，适当调整其形状，然后按住"Alt + Shift"组合键水平向右复制一个，并单击右键，选择"变形"→"水平翻转"，完成眼球的绘制，如图 2－43 所示。

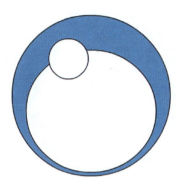
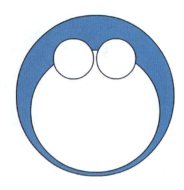

图 2-42　绘制眼眶

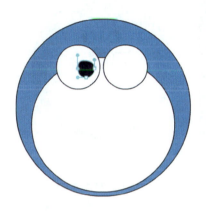

图 2-43　绘制眼球

（7）选择"椭圆工具"，在"属性"栏中设置填充颜色为"#FFFFFF"，设置"笔触"为 ，绘制白色椭圆作为眼白，并选择"部分选择工具"，调整节点控制柄，适当调整其形状，并按照同样的方法水平向右复制一个眼白，完成整个眼睛的绘制，如图 2-44 所示。

（8）选择"基本矩形工具"，在"属性"栏中设置填充颜色为"#F32E28"，笔触颜色为"#000000"，"笔触大小"为"1"，在眼睛图形的下方绘制 34 像素×28 像素的矩形，选择"部分选择工具"，调整节点位置，使矩形变成圆角矩形，完成鼻子的绘制，如图 2-45 所示。

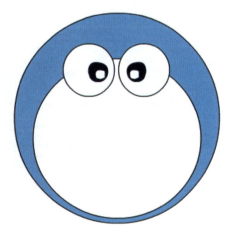

图 2-44　绘制眼白

（9）选择"线条工具"，在"属性"栏中设置笔触颜色为"#000000"，"笔触大小"为"1"，在"样式"下拉栏中选择"实线"，在鼻子图形的下方绘制若干直线，用作机器猫的胡须，如图 2-46 所示。

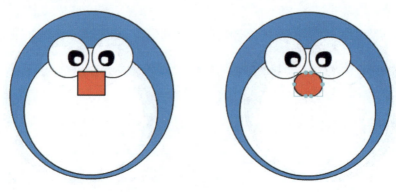

图 2-45　绘制鼻子

图 2-46　绘制胡须

（10）选择"矩形工具"，在"属性"栏中设置填充颜色为"#F32E28"，设置笔触颜色为"#000000"，"笔触大小"为"1"，在胡须下方绘制一个矩形；然后选择"添加锚点工具"和"部分选择工具"，对矩形的节点位置及节点控制柄进行操作，调整其形状，形成机器猫的嘴巴，如图 2-47 所示。

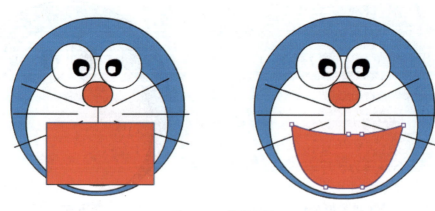

图 2-47　绘制嘴巴

（11）选择"钢笔工具"，在"属性"栏中设置笔触颜色为"#000000"，"笔触大小"为"1"，在两侧嘴角的上方绘制面颊，并选择"部分选择工具"对节点的位置和控制柄进行操作，适当调整线条形状，如图 2-48 所示。

（12）选择"钢笔工具"，在"属性"栏中设置笔触颜色为"#000000"，"笔触大小"

项目二 绘制和编辑图形

为"1",在嘴巴的中间偏下的位置绘制舌头;然后选择"部分选择工具""锚点转换工具"等调整其形状,如图2-49所示。

图2-48 绘制脸颊　　　　　　　图2-49 绘制舌头形状

（13）选择"颜料桶工具" ,设置"填充"的颜色为"#E87814",在舌头形状的中间单击,填充舌头的色彩,如图2-50所示。

图2-50 填充舌头色彩

（14）选择"钢笔工具",在"属性"栏中设置笔触颜色为"#000000","笔触大小"为"1",在头部的下方绘制身体部分;然后选择"部分选择工具",对身体部分的形状进行适当调整,并将身体置于头部的下方;选择"颜料桶工具",设置填充颜色为"#0093D6",将身体部分填充为蓝色,如图2-51所示。

（15）选择"椭圆工具",在"属性"栏中设置填充颜色为"#FFFFFF",笔触颜色为"#000000","笔触大小"为"1",在手臂的部位,按住"Shift"键绘制正圆,

图2-51 绘制身体部分

用作机器猫的手,如图 2-52 所示。

图 2-52 绘制手部分

(16) 选择"椭圆工具" ，在"属性"栏中设置填充颜色为"#FFFFFF",笔触颜色为"#000000","笔触大小"为"1",绘制椭圆用作机器猫的肚子和脚,如图 2-53 所示。

图 2-53 绘制肚子和脚

(17) 选择"椭圆工具" ，在"属性"栏中设置填充颜色为 ，笔触颜色为"#000000","笔触大小"为"1",在肚子的中间部分绘制一个椭圆;然后选择"线条工具" ，在椭圆的中间部分绘制一条直线;最后选择"选择工具" ，将上半部分多余的线条删除,完成机器猫口袋部分的制作,如图 2-54 所示。

(18) 选择"矩形工具" ，在"属性"栏中设置填充颜色为"#D33228",笔触颜色为"#000000","笔触大小"为"1",在头部的下方绘制一个矩形;然后选择"选择工具" ，对矩形的弧度进行调整,再选择"部分选择工具" 调整矩形的节点位置,完成衣领的制作,如图 2-55 所示。

(19) 选择"椭圆工具" ，在"属性"栏中设置填充颜色为"#FFFF00",笔触颜色为"#000000","笔触大小"为"1",在衣领图形的位置绘制铃铛;然后选择"部分选择工具" ，调整节点的位置和节点控制柄的弧度,使其变成铃铛形状,如图 2-56 所示。

项目二 绘制和编辑图形

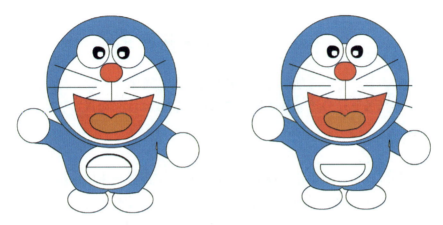

图 2-54 绘制口袋

图 2-55 绘制衣领

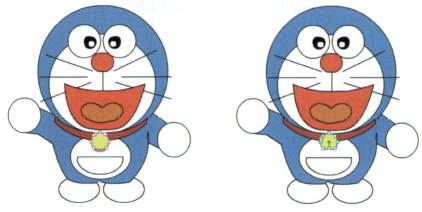

图 2-56 绘制铃铛形状

（20）选择"线条工具" ，按住"Shift"键在铃铛中绘制直线，选择"选择工具" ，调整线条的弧度，完成铃铛的效果制作。最终效果如图 2-1 所示。

（21）完成后，按"Ctrl + S"组合键，打开"另存为"对话框，设置文件的保存位置和名称，完成机器猫卡通形象的制作。

## 任务二　为大暑海报填色

世界万物都有色彩，丰富的色彩构成了美丽的世界，同样，色彩丰富的动画作品能够吸引更多的观众，本任务就是为"大暑海报"进行填色，让"大暑海报"变得更加绚丽多彩。

### 任务目标

为"大暑海报"填色，在制作时根据场景的不同，可以选择不同的填色工具进行填色。通过本任务的学习，用户可以掌握使用填色工具填色的方法。本任务完成后的效果如图 2 – 57 所示。

图 2 – 57　为"大暑海报"填色

### 相关知识

本任务中的填色操作主要通过填充工具、"颜色"面板、"样本"面板等实现。下面先介绍这些工具的使用方法。

#### 一、应用填充工具

动画具有色彩才能使动画效果更加富有层次感，也才能提升视觉冲击力和美观度，因此，绘制图形后，还需要为其填充合适的色彩。通常 Animate 中填充图形的工具主要包括颜料桶工具、滴管工具、墨水瓶工具等。

（一）颜料桶工具

"颜料桶工具" 是最常用的填色工具，其用法比较简单，只需在选择"颜料桶工具" 后，在"属性"面板中设置填充颜色，再将鼠标指针移动到图形中需要填色的区域，单击鼠标左键即可填充所选颜色。但需要注意的是，该工具只能对封闭的区域填充颜色。图 2-58 所示为使用"颜料桶工具" 填充前后的效果。

 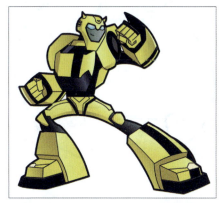

图 2-58 使用颜料桶工具填充前后的效果

选择"颜料桶工具" 后，在"属性"面板中的选项区域会出现两个按钮。其中，"空隙大小"按钮用于设置外围矢量线缺口的大小对填充颜色时的影响程度，包括不封闭空隙、封闭小空隙、封闭中空隙和封闭大孔隙 4 个选项。"锁定填充"按钮只能应用于渐变填充，单击该按钮后，将锁定渐变填充的中心位置，而不会随鼠标指针的位置移动。

**不封闭空隙**：选择该选项后，在使用"颜料桶工具" 填充颜色时，只有完全封闭的区域才能被填充颜色，如图 2-59 所示。

图 2-59 不封闭空隙

**封闭小空隙**：选择该选项后，在使用"颜料桶工具" 填充颜色时，如果所填充的区域不是完全封闭的，但是空隙较小，则 Animate 会将其判断为完全封闭并进行填充，如图 2-60 所示。

图 2-60　封闭小空隙

↘ **封闭中等缝隙**：选择该选项后，在使用"颜料桶工具" 填充颜色时，可以忽略比封闭小空隙大一些的空隙，并对其进行填充，如图 2-61 所示。

图 2-61　封闭中等缝隙

↘ **封闭大孔隙**：选择该选项后，即使线条之间还有一段距离，用"颜料桶工具" 也可以填充线条内部的区域，如图 2-62 所示。

图 2-62　封闭大空隙

### （二）滴管工具

在 Animate 中，用户还可以使用"滴管工具"将一个图形的笔触颜色或填充颜色复制到其他图形中。"滴管工具"的使用方法为：在工具箱中选择"滴管工具"，单击图形的边框或填充区域，吸取其笔触颜色或填充颜色，再单击需要填充的图形的边框或填充区域进行填充，如图 2－63 所示。

图 2－63　滴管工具的使用

### （三）墨水瓶工具

"墨水瓶工具"用于修改图形边框的颜色、粗细、样式等属性，其使用方法与"颜料桶工具"的使用方法类似。只需在工具箱中选择"墨水瓶工具"，在"属性"面板中设置"笔触""宽""样式"等属性，然后在图形内部或矢量线条上单击鼠标左键，修改图形边框，如图 2－64 所示。

图 2－64　墨水瓶工具的使用

## 二、"颜色"面板

"颜色"面板可以用于设置绘图工具的笔触和填充颜色，也可用于设置当前选择图形的边框和填充颜色。选择"窗口"→"颜色"命令，打开"颜色"面板，如图 2－65 所示。该面板中各选项的作用如下：

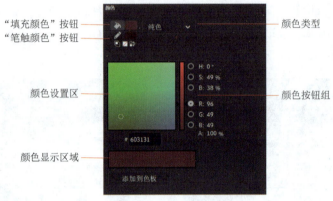

图 2－65　颜色面板

➡ **"填充颜色"按钮**：单击该按钮，可以在"颜色设置区"中对填充颜色进行设置。单击其后的色块，在打开的"色板"面板中可以选择填充颜色。

➡ **"笔触颜色"按钮**：单击该按钮，可以在"颜色设置区"中对笔触颜色进行设置。单击其后的色块，在打开的"色板"面板中可以选择笔触颜色。

➡ **"黑白"按钮**：单击该按钮，可将笔触颜色设置为黑色，填充颜色设置为白色。

➡ **"无色"按钮**：单击该按钮，可将笔触颜色或填充颜色设置为无边框或无填充。

➡ **"交换颜色"按钮**：单击该按钮，将交换笔触颜色和填充颜色。

➡ **颜色类型**：在该列表框中可以修改笔触颜色和填充颜色的类型。

➡ **颜色设置区**：在其中单击鼠标左键，可设置笔触颜色或填充颜色。

➡ **"HSB"栏**：在该栏中选中某个单选项，再修改其后的数字，可以修改颜色的色相、饱和度和亮度。

➡ **"RGB"栏**：在该栏中选中某个单选项，再修改其后的数字，可以修改颜色的红色、绿色和蓝色的色度值。

➡ **"A"选项**：用于设置填充颜色的不透明度（Alpha）。

➡ **"#"文本框**：在该文本框中输入颜色的十六进制值为当前笔触或填充设置对应的颜色。

➡ **颜色显示区域**：为笔触或填充设置好颜色后，该区域将呈现出颜色效果。

➡ **"添加到色板"按钮**：单击该按钮，可以将当前色彩添加到"色板"面板中。

## 三、"样本"面板

在 Animate 中，除了可以使用"颜色"面板为笔触和填充设置颜色外，还可以使用"样本"面板设置颜色。选择"窗口"→"样本"命令，打开"样本"面板，其下方显示了常用的渐变颜色，选择需要的渐变颜色后即可填充颜色，如图 2－66 所示。

图 2-66 "样本"面板

## 四、编辑渐变填充

使用渐变填充功能可以让一种颜色平滑地过渡到另一种颜色。渐变主要分为线性渐变和径向渐变两种类型，选择不同的渐变类型并设置渐变颜色后，可先使用"颜料桶工具"填充渐变颜色，再使用"渐变变形工具"调整渐变效果。

### （一）线性渐变

线性渐变是沿着一根轴线改变颜色的渐变方式。在"颜色"面板的"颜色类型"下拉列表框中选择"线性渐变"选项后，"颜色"面板中将显示用于设置线性渐变的选项，如图 2-67 所示。在颜色显示区域下方有两个色块，可以分别调整它们的颜色或位置，以调整渐变颜色，如图 2-68 所示。还可以通过在颜色显示区域单击鼠标来增加新的色块，以丰富渐变的颜色层次，如图 2-69 所示。

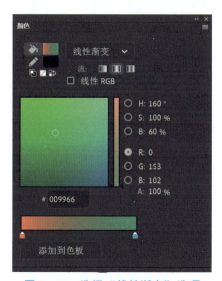

图 2-67 选择"线性渐变"选项

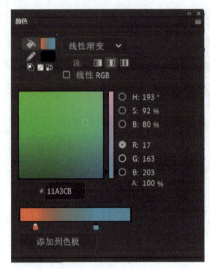
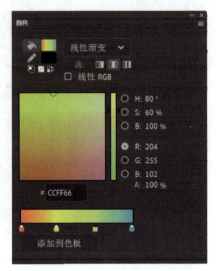

图 2-68　调整色块颜色和位置　　　　　图 2-69　添加新色块

为图形应用线性渐变填充后,可在"属性"面板中选择"渐变变形工具",单击应用渐变填充的图形,在该图形上会显示 2 条细线(用于显示线性渐变的范围)和 3 个控制点。各控制点的作用如下。

- 控制点：拖曳该控制点可以调整线性渐变的范围,如图 2-70 所示。

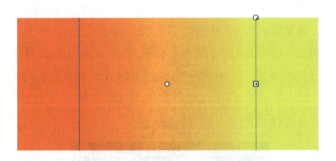

图 2-70　调整线性渐变范围

- 控制点：拖曳该控制点可以调整线性渐变的方向,如图 2-71 所示。

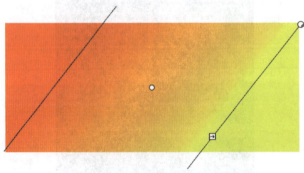

图 2-71　调整线性渐变的旋转方向

↳ ○ 控制点：拖曳该控制点可以调整线性渐变的位置，如图 2-72 所示。

图 2-72 调整线性渐变的位置

（二）径向渐变

径向渐变是一种从中心点向外改变颜色的渐变方式，可以制作边缘有光晕的柔和效果。在"颜色"面板的"颜色类型"下拉列表框中选择"径向渐变"选项后，"颜色"面板中将显示用于设置"径向渐变"的选项，如图 2-73 所示。

为图形应用径向渐变后，使用"渐变变形工具"单击该图形，该图形上会显示 1 个圆（用于显示径向渐变的范围）和 5 个控制点。各控制点的作用如下。

↳ ▽ 控制点：拖曳该控制点可以调整渐变中心的偏移位置，如图 2-74 所示。

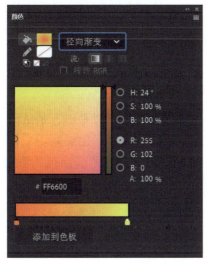 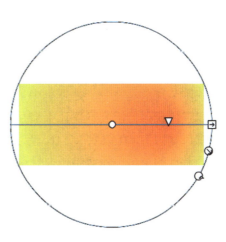

图 2-73 选择"径向渐变"选项　　图 2-74 调整渐变中心的偏移位置

↳ ○ 控制点：拖曳该控制点可以调整渐变范围的中心位置，如图 2-75 所示。
↳ ⊡ 控制点：拖曳该控制点可以拉伸或压缩渐变范围，如图 2-76 所示。

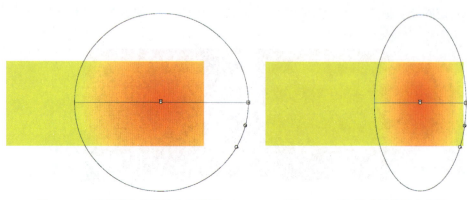

| 图 2 – 75　调整渐变范围的中心位置 | 图 2 – 76　拉伸或压缩渐变范围 |

- ◯ 控制点：拖曳该控制点可以放大或缩小渐变范围，如图 2 – 77 所示。
- ◯ 控制点：拖曳该控制点可以调整渐变的旋转方向，如图 2 – 78 所示。

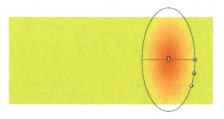

| 图 2 – 77　放大或缩小渐变范围 | 图 2 – 78　调整渐变的旋转方向 |

## 任务实施

大暑是我国传统节气之一，是夏季中最炎热的时期。大暑即将来临，某 APP 考虑制作大暑海报，以宣传我国传统节日，让更多用户了解该节气，同时，也提高用户对该 APP 的关注度。要求尺寸为 1 000 像素 ×2 165 像素，在设计时，以渐变的淡绿色为海报背景，以碧绿的荷叶、游动的小鱼等元素烘托大暑氛围，以文字表明海报主题。

（1）启动 Animate CC 2022，选择"文件"→"新建"菜单命令，打开"新建文档"对话框，在右侧的"详细信息"栏中设置"宽"和"高"分别为"1000""2165"，单击  按钮。

（2）选择"矩形工具" ▇，在"属性"面板中取消笔触，选择该矩形，打开"颜色"面板，在"颜色类型"下拉列表中选择"线性渐变"选项，单击颜色显示区域的第 1 个滑块，设置颜色为"#C0E4C5"，单击第 2 个滑块，设置颜色为"#89AD95"，效果如图 2 – 79 所示。

项目二　绘制和编辑图形

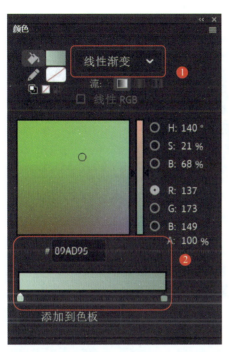

图 2－79　填充背景

（3）选择"渐变变形工具" ，单击填充了渐变色的矩形，此时矩形四周出现 3 个控制点，沿顺时针方向拖曳 控制点、 控制点，调整渐变方向和范围大小，如图 2－80 所示。

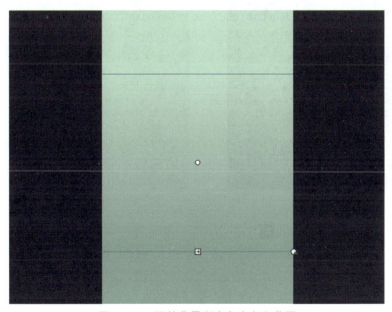

图 2－80　调整背景渐变色方向和范围

（4）选择"钢笔工具" ，在"属性"面板中设置"笔触"为"#054F30"，"笔触大小"为"3"，在右下角绘制荷叶形状，如图 2－81 所示。

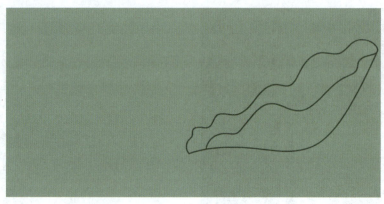

图2-81 绘制荷叶

（5）打开"颜色"面板，在"颜色类型"下拉列表中选择"线性渐变"选项，取消笔触颜色，单击颜色显示区域的第1个滑块，设置颜色为"#156A47"，单击第2个滑块，设置颜色为"#6BB87F"，使用"颜料桶工具"单击荷叶形状下半部分填充渐变色，效果如图2-82所示。

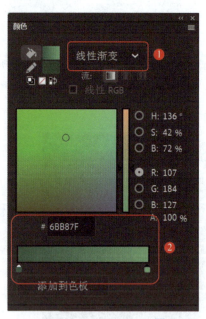 

图2-82 填充荷叶下半部分

（6）选择"渐变变形工具"，单击填充了渐变色的形状，此时矩形四周出现3个控制点，分别拖曳 控制点、控制点，调整渐变方向和范围大小，如图2-83所示。

（7）打开"颜色"面板，在"颜色类型"下拉列表中选择"径向渐变"选项，取消笔触颜色，单击颜色显示区域的第1个滑块，设置颜色为"#156A47"，单击第2个滑块，设置颜色为"#6BB87F"，使用"颜料桶工具"单击荷叶形状上半部分填充渐变色，效果如图2-84所示。

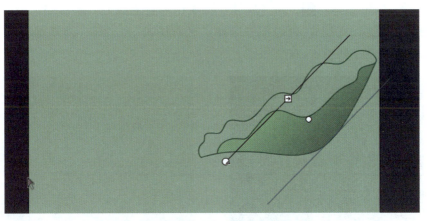

图 2-83　调整填充渐变方向和范围大小

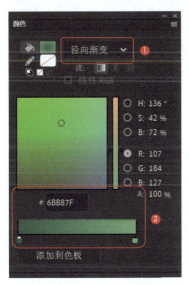
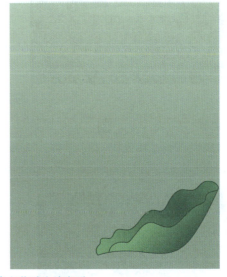

图 2-84　填充荷叶上半部分

（8）选择"渐变变形工具" ，单击填充了渐变色的形状，此时矩形四周出现 5 个控制点，分别拖曳 ▽ 控制点、 控制点、 控制点，调整渐变方向和位置，如图 2-85 所示。

图 2-85　调整填充渐变方向和位置

(9) 选择"画笔工具" ，在"属性"面板中设置笔触为"#055A37"，"笔触大小"为"3"，在"画笔模式"下拉列表框中选择"平滑模式"，"宽"为"宽度配置文件1"，然后绘制荷叶的纹理，如图2-86所示。

图2-86 绘制荷叶的纹理

(10) 选择"画笔工具" ，在"属性"面板中设置"笔触"为"#055A37"，"笔触大小"为"17"，在"画笔模式"下拉列表框中选择"平滑模式"，在荷叶的下方绘制花柄，如图2-87所示。

图2-87 绘制花柄

(11) 选择"选择工具" ，单击花柄，将"属性"栏中的"笔触"设置为"渐变填充"，打开"颜色"面板，单击颜色显示区域的第1个滑块，设置颜色为"#054F30"，单击第2个滑块，设置颜色为"#2F966C"，选择"渐变变形工具" ，此时矩形四周出现3个控制点，分别拖曳 控制点、 控制点，调整渐变方向和范围大小，如图2-88所示。

项目二　绘制和编辑图形

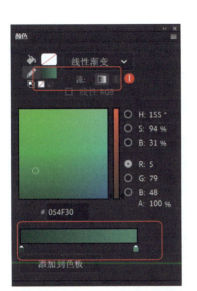

图 2-88　调整填充渐变方向和大小

（12）切换到海报所在舞台，选择"文件"→"导入"→"导入到舞台"，将素材文件导入到舞台，并适当调整位置，如图 2-57 所示，完成后保存文件。

## 任务三　制作公益插画

在制作动画的过程中，需要对动画对象进行编辑，以满足各种场景设计的需要。Animate 提供了多种编辑动画对象的方法，如编辑对象形状、调整对象位置、修饰美化对象等。熟练掌握这些方法，可在后期的编辑处理中获得理想的动画效果。

### 任务目标

对"公益插画.fla"文件中的各个对象进行编辑操作，使其构成一幅美丽的插画广告。通过本任务的学习，用户可以进一步掌握图形的编辑方法。本任务制作完成后的最终效果如图 2-89 所示。

图 2-89　公益插画效果

**相关知识**

动画对象的编辑操作主要包括编辑对象形状、调整对象位置和修饰美化对象等操作。

## 一、编辑对象形状

编辑动画对象除了可以使用"任意变形工具" 对对象进行扭曲、封套、缩放、旋转和倾斜操作外，还可以在"修改"→"变形"命令中选择不同的命令对动画对象进行编辑。

### （一）扭曲对象

扭曲对象是将对象的某些部分挤压在一起而将其他部分向外拉伸，从而更改图形。其操作方法为：选择需要编辑的对象，选择"修改"→"变形"→"扭曲"命令，或单击鼠标右键，在弹出的快捷菜单中选择"变形"→"扭曲"命令，激活扭曲功能后，拖曳对象边框上的控制点进行扭曲变形，如图2-90所示。

图2-90 扭曲对象

### （二）封套对象

封套对象可以对动画对象进行变形，使其变为新的形态。其操作方法：选择需要编辑的对象，选择"修改"→"变形"→"封套"命令，或单击鼠标右键，在弹出的快捷菜单中选择"变形"→"封套"命令，激活封套功能。此时，对象的每个控制点两侧都会显示出一个控制柄，拖曳控制柄可完全或扭曲对象，如图2-91所示。

图2-91 封套对象

**教你一招**

"扭曲""封套"功能不能修改原件、位图、视频、声音、渐变、对象组和文本。要对位图对象进行封装，可以先将位图转换为矢量图；要对文本对象进行封装，首先要将文本转换为需要编辑的对象或矢量对象。

### (三) 缩放对象

缩放对象时，可以沿水平、垂直方向或同时沿两个方向放大或缩小对象。其操作方法为：选择需要编辑的对象，选择"修改"→"变形"→"缩放"命令，或单击鼠标右键，在弹出的快捷菜单中选择"变形"→"缩放"命令，激活缩放功能。将鼠标指针移动至四周的控制点上，当鼠标指针变为水平 ↔、垂直 ↕、倾斜 ↘ 的双向箭头时，按住"Shift"键不放并拖曳双向箭头可等比例放大和缩小对象，按住"Alt"键不放拖曳双向箭头可在不改变顶点的同时缩放对象，如图2-92所示。

图2-92 缩放对象

### (四) 旋转与倾斜对象

使用旋转与倾斜功能可以将选中对象向各个方向旋转和倾斜。其操作方法为：选择需要编辑的对象，选择"修改"→"变形"→"旋转与倾斜"命令，或单击鼠标右键，在弹出的快捷菜单中选择"变形"→"旋转与倾斜"命令，激活旋转与倾斜功能。此时，对对象进行的操作主要有以下3种。

↪ **旋转对象**：将鼠标指针移动至4个角的控制点上，当鼠标指针变为 ↻ 形状时，按住鼠标左键不放并拖曳鼠标，可使对象沿着旋转中心旋转，如图2-93所示。

图2-93 旋转对象

↪ **移动旋转中心点**：在默认情况下，旋转中心点就在对象中心点上，要移动旋转中心点，只需单击选中中心点，然后拖曳中心点到其他位置，当需要旋转对象时，可发现对象沿着移动后的中心点旋转，如图2-94所示。

图2-94 移动旋转中心点

↳ **倾斜对象**：将鼠标指针移动到 4 条边的控制点上，当鼠标指针变为 ⇌ 形状或 ↕ 形状时，按住鼠标左键不放并拖曳鼠标，可倾斜对象，如图 2-95 所示。

图 2-95 倾斜对象

### （五）缩放与旋转对象

使用缩放与旋转功能打开"缩放和旋转"对话框，在其中可进行旋转与缩放操作。其操作方法为：选择需要编辑的对象，选择"修改"→"变形"→"缩放与旋转"命令，或单击鼠标右键，在弹出的快捷菜单中选择"变形"→"缩放与旋转"命令，打开"缩放和旋转"对话框，在其中可设置缩放、旋转参数，完成后单击 [确定] 按钮，效果如图 2-96 所示。

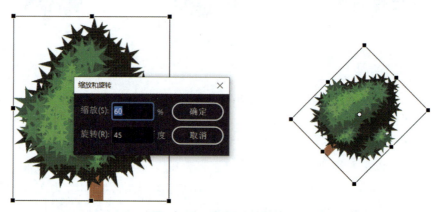

图 2-96 缩放与旋转对象

## 二、调整对象位置

使用绘图工具绘制图形后，一般需要再次调整对象的位置、排列顺序等，才能更加贴合设计要求。调整对象位置可以使用翻转对象、合并对象、组合与分离对象、排列与对齐对象等功能来完成。

### （一）翻转对象

使用"翻转"功能可以水平或垂直翻转所选对象，其操作方法为：选择对象后，选择"修改"→"变形"→"垂直翻转"或"水平翻转"命令，或单击鼠标右键，在弹出的快捷菜单中选择"变形"→"垂直翻转"或"水平翻转"命令，对选择的对象进行翻转，如图 2-97 和图 2-98 所示。

图2-97　垂直翻转

图2-98　水平翻转

**（二）合并对象**

使用"合并对象"功能可将在对象绘制模式下绘制的图形合并。其操作方法为：选择对象后，选择"修改"→"合并对象"命令，在弹出的子菜单中包括"联合""交集""打孔""裁切"4个命令，具体介绍如下：

▶ **联合**：选择该命令，可将两个或多个图形合并成单个图形。联合后的图形将删除图形之间不可见的重叠部分，保留可见部分，效果如图2-99所示。

图2-99　联合

▶ **交集**：选择该命令，可使多个单独图形生成交集效果，生成的新图形由图形的重叠部分组成，并使用叠放在最上层图形的填充和笔触，效果如图2-100所示。

图2-100　交集

▶ **打孔**：选择该命令，可以在多个重叠的图形中，将被叠放在最上层图形覆盖的部分删除，生成的图形保持为独立对象，不会合并为单个对象，效果如图2-101所示。

图 2 – 101　打孔

▶ **裁切**：选择该命令，将由叠放在最上面的图形决定裁切区域的形状，并最终保留与最上面图形重叠的下层图形，效果如图 2 – 102 所示。

图 2 – 102　裁切

**教你一招**

"交集""打孔""裁切"命令只能用于单个完整的图形，若是分离图形、位图和矢量图形，则可先对其使用"联合"命令联合图形，然后进行相应操作。

### （三）组合与分离对象

用户在制作动画的过程中，如果需要对当前舞台中的多个对象进行统一编辑，则可将这些对象组合。当用户需要对组合中的单个对象进行编辑时，可将组合的对象分离，还可仅分离单个对象。

#### 1. 组合对象

组合对象的操作方法为：使用"选择工具" 选择要组合的所有对象，选择"修改"→"组合"命令或按"Ctrl + G"组合键，将图形组合成一个整体，如图 2 – 103 所示。

图 2－103　组合对象

### 2. 分离对象

分离对象的操作方法为：使用"选择工具" 选择组合后的对象，选择"修改"→"分离"命令，或在对象上右击，在弹出的快捷菜单中选择"分离"命令，也可以直接按"Ctrl + B"组合键分离图形，如图 2－104 所示。

图 2－104　分离对象

### （四）排列与对齐对象

在 Animate 中，图形是按照绘制的顺序或出现在舞台中的顺序来叠加排序的。若最后出现在舞台中的图形与之前的图形重叠，则将遮挡之前的图形。用户可以根据需要更改图形的排列顺序，并可设置对象的对齐方式。

### 1. 排列对象

Animate 会根据对象的创建顺序层叠对象，将最新创建的对象放在最上面。改变图形排列顺序的操作很简单，通常包括以下两种方法。

↳ **置于顶层或底层**：选择"修改"→"排列"→"置于顶层"或"置于底层"命令，或在选择的对象上右击，在弹出的快捷菜单中选择"排列"→"置于顶层"或"置于底层"命令，可将选择的对象移动到层叠顺序的最上层或最下层，如图 2－105 所示。

↳ **上移一层或下移一层**：选择"修改"→"排列"→"上移一层"或"下移一层"命令，或在其上右击，在弹出的快捷菜单中选择"排列"→"上移一层"或"下移一层"命令，可将选择的内容在层叠顺序中向上移动一层或向下，如图 2－106 所示。

图 2－105　置于顶层或底层

图 2－106　上移一层或下移一层

## 2. 对齐对象

使用"对齐"面板可以帮助用户沿水平或垂直轴对齐所选对象，也可以指定对齐对象的边缘或中心。其操作方法为：选择要对齐的对象，选择"修改"→"对齐"命令，或按"Ctrl＋K"组合键，打开"对齐"面板进行对齐操作。"对齐"面板如图 2－107 所示。

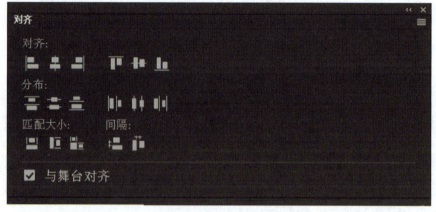

图 2－107　"对齐"面板

▶ **对齐**：使选择的对象在某方向上对齐，包括"左对齐""水平居中对齐""右对齐""顶对齐""垂直居中对齐""底对齐"。

▶ **分布**：使选择的对象在水平或垂直方向上进行不同的对齐分布，包括"顶部分布""垂直居中分布""底部分布""左侧分布""水平居中分布""右侧分布"。

▶ **匹配大小**：单击"匹配宽度"按钮 ，将以所选对象中宽度最大的对象为基准，在水平方向上等尺寸变形；单击"匹配高度"按钮 ，将以所选对象中高度最大的对象为基准，在垂直方向上等尺寸变形；单击"匹配宽和高"按钮 ，将以所选对象中高和宽最大的对象为基准，在水平和垂直方向上同时等尺寸变形。

↘ **间隔**：单击"垂直平均间隔"按钮，所选对象将在垂直方向上等间距排列；单击"水平平均间隔"按钮，所选对象将在水平方向上等间距排列。

↘ **"与舞台对齐"复选框**：勾选该复选框，将以整个场景为基准调整对象位置，使所选对象相对于舞台左对齐、右对齐或居中对齐等。如果没有勾选该复选框，则对齐对象时，以各对象的相对位置为基准。

### 三、修饰美化对象

在制作动画的过程中，还可以对绘制的动画对象进行修饰美化，例如对曲线进行优化、将线条转化为填充、扩展填充、柔化填充边缘等，以提升动画对象的美观度。

#### （一）优化曲线

对曲线进行优化可以让曲线线条变得更加平滑。其优化方法为：选择需要优化的曲线，选择"修改"→"形状"→"优化"命令，或按"Ctrl + Shift + Alt + C"组合键，打开"优化曲线"对话框，在其中设置优化强度。单击 按钮，打开提示对话框，其中显示了优化曲线的条数，单击 按钮完成曲线的优化。优化后的曲线相对于原曲线更加平滑，如图 2-108 所示。

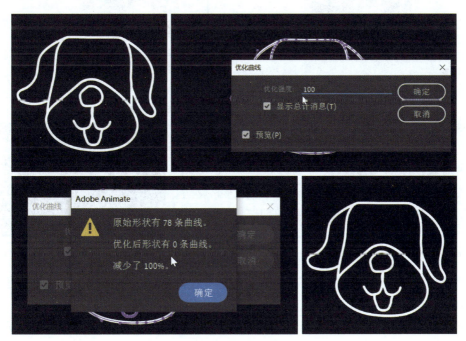

图 2-108　优化曲线

"优化曲线"对话框中各选项的含义如下。

↘ **优化强度**：在数值框中输入数值，数值越大，优化效果越明显，注意优化强度的最大值为"100"。

↘ **显示总计消息**：勾选该复选框，在完成优化操作后，将打开提示框，其中显示了优化的结果；若取消勾选该复选框，则不会打开提示框。

### （二）将线条转化为填充

绘制线条时，线条的粗细是固定的，只能通过设置"笔触大小"来调整，而将线条转换为填充后，绘制的线条将转换为填充色块，更加方便后期编辑。其转换方法为：选择要转换的对象，选择"修改"→"形状"→"将线条转换为填充"命令，将线条转换为填充，此时会发现选择线条的内外侧都有锚点，使用"部分选择工具" 可以拖曳锚点，可修改选择线条的形状，如图 2-109 所示。

图 2-109 将线条转化为填充

### （三）扩展填充

扩展填充能将填充的颜色向内收缩或向外扩展，增强图形绘制的便捷性。扩展填充方法为：选择要扩展填充的对象，选择"修改"→"形状"→"扩展填充"命令，打开"扩展填充"对话框，在其中设置"距离"和"方向"，单击 按钮即可完成操作，如图 2-110 所示。

"扩展填充"对话框中各选项含义如下。

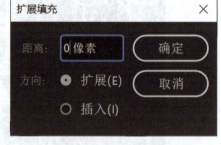

图 2-110 "扩展填充"对话框

↳ 距离：在数值框中输入数值，设置扩展或收缩的距离，数值越大，填充颜色与轮廓距离越大。

↳ 扩展：选中该单选项，填充颜色将根据设置的距离向外扩展。图 2-111 所示"距离"为"60 像素"的扩展效果。

↳ 插入：选中该单选项，填充颜色将根据设置的距离向内扩展。图 2-112 所示为"距离"为"120 像素"的插入效果。

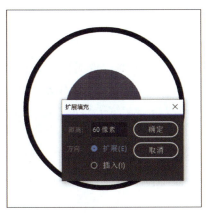 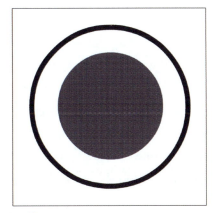

图 2-111　扩展效果

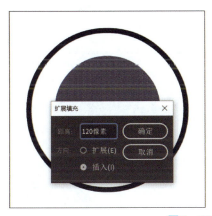 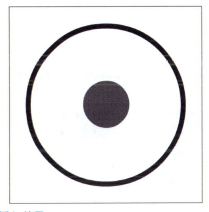

图 2-112　插入效果

## （四）柔化填充边缘

柔化填充边缘与扩展填充的功能类似，可以在填充方向上产生多个透明图形。其具体方法为：选择图形，选择"修改"→"形状"→"柔化填充边缘"命令，打开"柔化填充边缘"对话框，可在其中设置"距离""步长数""扩展""插入"，单击 确定 按钮完成操作，如图 2-113 所示。

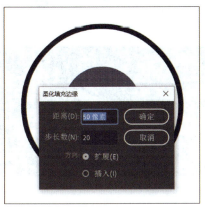 

图 2-113　柔化填充边缘

## 任务实施

为了弘扬我国文明礼仪和传统文化，提倡文明的饮食习惯，现需要设计以"文明餐桌 厉行节约"为主题的公益宣传插画。要求插画尺寸为 1 020 像素×510 像素，方便在不同媒体中宣传，色彩以红色为主，使宣传更加醒目；图形以饭碗和筷子为主，在右侧添加宣传文字，直观表现主题。

（1）启动 Animate CC 2022，选择"文件"→"新建"菜单命令，打开"新建文档"对话框，在右侧的"详细信息"栏中设置"宽"和"高"分别为"1 020""510"，单击 创建 按钮。

（2）选择"文件"→"导入"→"导入到舞台"命令，打开"导入"对话框，选择需要导入的文件，这里选择"公益插画背景.jpg"素材文档，单击 打开(O) 按钮，如图 2 – 114 所示。

图 2 – 114　导入素材至舞台

（3）选择"选择工具" ，选择舞台的素材文件，打开"对齐"面板，勾选"与舞台对齐"选项，依次单击"匹配宽和高"按钮 、"水平居中对齐"按钮 、"垂直居中对齐"按钮 ，使素材文件能够铺满整个文档范围，如图 2 – 115 所示。

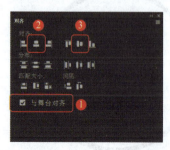 

图 2 – 115　设置背景尺寸大小

（4）为了避免时常移动背景图层，可先重命名该图层，然后将其锁定，在"时间轴"

面板上方双击"图层1",使其呈可编辑状态,然后输入"背景"文字,单击上方的"锁定或解除锁定所有图层"按钮 ,锁定背景图层,如图2-116所示。

图2-116 锁定背景图层

(5)由于背景图层被锁定,不能在该图层进行编辑,因此,在绘制新的图形前,需要新建图层。在"时间轴"面板上方单击"新增图层"按钮,将自动新建"图层2",将图层名称重命名为"碗",如图2-117所示。

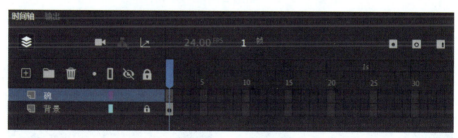

图2-117 新建图层

(6)在工具箱中选择"椭圆工具",在"属性"面板中设置"填充"为"#D17366",按住"Shift"键,拖曳鼠标,在海报中间绘制340像素×340像素的正圆,如图2-118所示。

(7)选择"选择工具",按住鼠标左键不放并拖曳鼠标框选正圆的上半部分,按"Delete"键删除框选区域,如图2-119所示。

图2-118 绘制正圆

图2-119 删除正圆上半部分

(8)选择"椭圆工具",在"属性"面板中设置"填充"为"#761217",然后在半圆的上方绘制335像素×104像素的椭圆,如图2-120所示。

(9)选择绘制的椭圆,按"Ctrl+C"组合键复制椭圆,按"Ctrl+V"组合键粘贴椭圆,选择"修改"→"合并对象"→"联合",将其转变为对象绘制,打开"属性"面板,将"填充"修改为"#EEE7E1",如图2-121所示。

图 2－120　绘制椭圆

图 2－121　复制椭圆

（10）选择复制的椭圆，在其上右击，在弹出的快捷菜单中选择"变形"→"封套"命令，此时椭圆四周出现控制点，使用"选择工具" 拖曳各个控制点，使其形成米饭的形状，如图 2－122 所示。

（11）使用"部分选择工具" 单击米饭形状，使其以路径方式显示，拖曳锚点在此调整米饭形状的轮廓，若需要添加锚点，则可选择"添加锚点工具" ，在需要添加锚点处单击来添加锚点，然后调整整个路径，如图 2－123 所示。

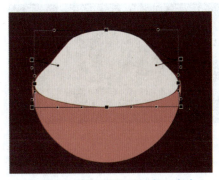
图 2－122　使用"封套"命令

图 2－123　调整路径

（12）选择米饭形状，选择"修改"→"分离"命令，将对象分离。按"Ctrl＋C"组合键复制米饭形状，按"Ctrl＋V"组合键粘贴米饭形状。选择复制的形状，在其上方右击，在弹出的快捷菜单中选择"变形"→"任意变形"命令，缩放形状并调整位置，使整个米饭更加形象。使用相同的方法在此复制形状，调整整个米饭的轮廓位置，如图 2－124 所示。

（13）为了使米饭图形更加生动形象，选择"钢笔工具" ，在米饭形状的上方绘制形状，作为米饭的高光部分，并设置"填充"为"F5F3F1"，如图 2－125 所示。

图 2－124　任意变形图

图 2－125　绘制高光部分

(14）复制米饭高光部分，在其上右击，在弹出的快捷菜单中选择"变形"→"缩放和旋转"命令，打开"缩放和旋转"对话框，设置"缩放"为"60"，"旋转"为"45"，单击 确定 按钮，如图 2－126 所示。

（15）选择旋转后的形状，在其上右击，在弹出的快捷菜单中选择"变形"→"封套"命令，此时四周出现控制点，使用"选择工具" 拖曳各个控制点，调整复制的形状，效果如图 2－127 所示。

图 2－126　缩放和旋转

图 2－127　高光的封套制作

（16）选择"椭圆工具" ，在"属性"面板中设置填充为"#F5F3F1"，然后在米饭形状上绘制不同大小的圆，增加米饭的形象感。效果如图 2－128 所示。

（17）选择"线条工具" ，在"属性"面板中设置"笔触"为"#000000"，"笔触大小"为"30"，然后在图像中绘制一条直线，作为筷子，效果如图 2－129 所示。

图 2－128　绘制椭圆形状高光

图 2－129　绘制筷子

(18）选择该直线，选择"修改"→"变形"→"旋转与倾斜"命令，使直线呈可编辑状态，拖曳直线四周的控制点旋转直线，使其插入米饭中，效果如图 2-130 所示。

(19）复制直线，再次旋转与倾斜复制后的直线，并调整两条直线的位置，使其更加符合筷子的插入效果，如图 2-131 所示。

图 2-130　筷子插入效果

图 2-131　旋转与倾斜

(20）选择"宽度工具"，选择绘制的筷子，将鼠标指针移动到筷子的顶部，单击鼠标左键确定一点后，按住鼠标左键不放向外拖曳鼠标，使其形成带弧度的形状。

(21）将鼠标指针移动到筷子的底部，在右侧单击鼠标左键确定一点后，按住鼠标左键不放并向左拖曳鼠标，缩小筷子形状，如图 2-132 所示。

图 2-132　使用宽度工具调整筷子形状

(22）使用相同的方法调整另一根筷子，由于调整宽度时筷子的粗细发生变化，所以可以在此设置笔触大小为"35"，并重新调整筷子的位置，如图 2-133 所示。

(23）再次选择"线条工具"，在"属性"面板中设置"笔触"为"#F1CCAC"，"笔触大小"为"5"，"宽"为"宽度配置文件1"，在筷子的上方绘制一条斜线，作为筷子的高光，如图 2-134 所示。

项目二　绘制和编辑图形

图2-133　调整筷子的位置

图2-134　绘制筷子高光

（24）选择"钢笔工具"，在饭碗形状的左侧绘制形状，并设置"填充"为"#F3A691"，作为饭碗的光源部分，效果如图2-135所示。

（25）选择"钢笔工具"，在光源的上方绘制形状，并设置"填充"为"#FEFBFA"，作为饭碗的高光部分，效果如图2-136所示。

图2-135　绘制饭碗光源

图2-136　绘制饭碗高光

（26）选择"线条工具"，在"属性"面板中设置"笔触"为"#761217"，"笔触大小"为"8"，在饭碗的底部绘制一条直线，然后选择"选择工具"，将鼠标指针移动到直线的中间，按住鼠标左键不放并向下拖曳鼠标使其形成弧度，作为饭碗的暗部，如图2-137所示。

图2-137　绘制饭碗的暗部

85

(27)选择"矩形工具"，在直线的下方绘制"填充"为"#D17366"的矩形，然后使用"选择工具"调整矩形的弧度，如图2-138所示。

(28)使用相同的方法在矩形的左侧绘制"填充"为"#F3A691"的矩形，作为高光，如图2-139所示。

图2-138 绘制饭碗的底部

图2-139 绘制饭碗底部的高光

(29)选择"椭圆工具"，并设置"填充"为"#000000"，在饭碗的底部绘制210像素×65像素的椭圆，选择"修改"→"变形"→"柔化填充边缘"，在打开的"柔化填充边缘"对话框中设置"距离"为"20"，"步长"为"50"，完成投影的制作，如图2-140所示。

图2-140 绘制阴影部分

(30)完成后按"Ctrl+S"组合键保存文件。

## 巩固练习

### 1. 为鸽子卡通着色

打开提供的"飞鸽.fla"素材文件，为其中的图形填色，使动物的形象更加丰富、饱满和美观，参考效果如图2-141所示。

图 2-141　为"飞鸽"填色

### 2. 制作沙滩场景

打开提供的"沙滩.fla"素材,结合其中的素材图形,制作如图 2-142 所示的"沙滩"场景效果。首先画出天空的轮廓,然后填充颜色,再使用"渐变变形工具"调整填充效果。绘制大海,然后填充和调整,再绘制沙滩。绘制山脉,填充不同的颜色,用于表示山脉不同的明暗变化。最后将场景中的素材图形放置到合适的位置即可。

图 2-142　沙滩效果

## 技能提升

1. 怎样进行原位置粘贴？

选择对象并复制后，按"Ctrl + Shift + V"组合键可以进行原位置粘贴，即粘贴的对象与原对象在同一位置。

2. 怎样成比例缩放对象？

使用任意变形工具选择对象后，在按住"Shift"键的同时，将鼠标指针移动到选框 4 个角的任意一个角上，拖曳鼠标，此时，被缩放的对象会成比例缩放且不会变形。

3. 使用"钢笔工具"绘制对象另一部分时，会自动与前一部分连接起来，该怎么处理？

使用"钢笔工具"绘制对象时，如果两个部分是不相连的，则绘制好第一部分后，应按"Esc"键退出绘制，然后在其他位置进行绘制。

> 学习笔记

# 项目三

## 添加和编辑文本

【项目导读】

文本是动画的重要组成部分,在动画中添加文本,可以直观地传达设计人员或作品本身想要表达的意图,同时也可以使动画呈现出的视觉效果更加丰富。

【知识目标】

◇ 掌握文本的类型和属性。
◇ 掌握文本工具的使用方法。
◇ 掌握文本的创建与编辑方法。
◇ 掌握文字变形、设置文本填充和边框的方法。

【能力目标】

◇ 能够制作商品促销广告。
◇ 能够制作招聘海报。

【素质目标】

◇ 培养学生动画文案的编写技能。
◇ 培养学生文字编辑的审美能力。
◇ 探索文字在动画制作中的作用。

### 任务一 制作女装 Banner 广告

文本在很多宣传性的动画中是不可或缺的内容,而 Animate 具有强大的文本输入、编辑和处理功能,在动画中添加文本时,应注意文本的字体、颜色等与其他内容的搭配,使其突出表达整个动画的主题。

#### 任务目标

完成制作女装 Banner 广告,主要操作包括输入文本、设置文本样式等。通过本任务的学习,用户可以掌握使用文本工具输入文本及对输入的文本进行美化设置的方法。本任务完成后的效果如图 3-1 所示。

图 3-1　女装 Banner 广告效果

## 相关知识

本任务主要通过文本工具、文本工具的"属性"面板等完成，下面进行详细介绍。

### 一、文本工具

在 Animate 中，可以利用文本工具创建文本，创建的文本主要由三种类型构成，分别是静态文本、动态文本和输入文本。

#### （一）创建文本

在 Animate 中创建文本有以下两种方式。

↪ **单击工具创建文本**：在工具箱中选择"文本工具" T ，直接在舞台中需要输入文本的地方单击，此时出现一个文本输入框，该文本输入框的宽度会随着输入文本的增加而自动延长，如图 3-2 所示。文本不会自动换行，需手动按"Enter"键换行。

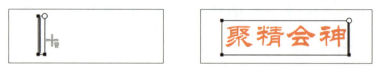

图 3-2　单击工具创建文本

↪ **拖曳鼠标创建文本**：在工具箱选择"文本工具" T ，在舞台中需要输入文本的地方拖曳鼠标确定文本框的宽度，当输入的文本超过文本输入框的宽度时，文本会自动换行，如图 3-3 所示。

图 3-3　拖曳鼠标创建文本

### （二）文本类型

选择"文本工具" T ，在右侧的"属性"面板的"实例行为"栏中，可选择创建文本的类型，包括静态文本、动态文本和输入文本 3 种，如图 3-4 所示。

图 3-4 文本类型选择

↳ **静态文本**：静态文本是一种普通文本，在动画播放期间不能编辑和修改，即不能动态更新文本内容结构。

↳ **动态文本**：动态文本可以通过脚本程序来改变其显示的文本内容。在动画播放过程中，可以输入和修改文本区域的文本内容。

↳ **输入文本**：创建输入文本时，会创建一个表单，通过脚本程序来获取用户输入的文本内容（HTML5 Canvas 动画类型不支持输入文本）。在动画播放过程中，用户可输入文本，产生交互效果。

## 二、文本"属性"面板

文本工具的"属性"面板可以修改文本的格式，不同类型的文本会激活不同的属性设置选项，各个相关选项的作用如下。

### （一）静态文本的属性

选择"文本工具" T ，在右侧"属性"面板的"实例行为"栏中选择"静态文本"选项，其对应的属性面板如图 3-5 所示。

其中，各主要选项的作用如下：

↳ **"改变文本方向"按钮** ：单击该按钮，可在弹出的列表中设置文本的方向，包括"水平""垂直""垂直，从左向右"3 个选项。

↳ **位置和大小**：在"宽"和"高"文本框中输入数据，可调整文本框的大小。

↳ **字体**：在该下拉列表中可设置文本的字体，其中的选项为计算机中安装的字体。

↳ **大小**：用于设置文本字体的大小。

图 3-5 静态文本的"属性"面板

↘"字母间距"按钮 ▩：单击该按钮可设置文本每个字符的间隔。
↘颜色：用于设置文本的字体颜色。
↘"自动调整字距"复选框：勾选该复选框可自动设置字符间距。
↘呈现：单击该下拉按钮，在列表中选择相应的选项，可设置文本的呈现方式。
↘"切换上标"按钮 ▩：单击该按钮，可将选择的文本设置为上标。
↘"切换下标"按钮 ▩：单击该按钮，可将选择的文本设置为下标。
↘格式：用于设置段落的对齐方式，包括"左对齐"按钮 ▩、"居中对齐"按钮 ▩、"右对齐"按钮 ▩ 和"两端对齐"按钮 ▩ 4个按钮。
↘间距：其中，"缩进"按钮 ▩ 右侧的数值框用于设置段落的首行缩进，"行距"按钮 ▩ 右侧的数值框用于设置文本的行间距。
↘边距：用于设置段落的缩进。其中，"左边距"按钮 ▩ 右侧的数值框用于设置段落的左缩进，"右边距"按钮 ▩ 右侧的数值框用于设置段落的右缩进。

**教你一招**

若要将文本以粗体或斜体的方式显示，则可先选择文本，然后选择"文本"→"样式"命令，在弹出的子菜单中选择"仿粗体"命令，可以使文本以粗体的方式显示；选择"仿斜体"命令，可以使文字以斜体的方式显示。

### （二）动态文本的属性

选择"文本工具" ▩，在右侧"属性"面板的"实例行为"栏中选择"动态文本"选项，可在"属性"面板的"字符"区域设置文本属性，动态文本的"属性"面板与静态文本的"属性"面板相同，如图3-6所示。

其他主要选项的作用如下：

↘实例名称：选择"动态文本"后，将显示该文本框，在该文本框中输入文本，可设置动态文本的名称。

↘"将文本呈现为HTML"按钮 ▩：选择"动态文本"后，激活该按钮，单击该按钮，可指定将当前文本框内的内容为HTML内容。

↘"在文本周围显示边框"按钮 ▩：单击该按钮，将显示文本框边框和背景。

↘行为：当输入的文本多于一行时，在"行为"下拉列表框中可选择行为选项，包括"单行""多行""多行不换行"3种。"单行"是指文本以单行显示；"多行"是指输入的文本大于设置的文本限制时，将被自动换行；"多

图3-6 动态文本的"属性"面板

行不换行"是指输入的文本为多行时,不会自动换行。

### (三)输入文本的属性

选择"文本工具" 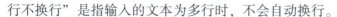,在右侧"属性"面板的"实例行为"栏中选择"输入文本"选项,其"属性"面板如图 3-7 所示。

图 3-7　输入文本的"属性"面板

在"段落"区域的"行为"下拉列表框中选择"密码"选项,输入的文本将显示为星号,如图 3-8 所示。

图 3-8　"密码"选项设置

在"选项"区域的"最大字符数"选项中可以设置最多能输入多少个字符,其默认值为"0",即不限制输入的字符数;若设置数值,则该数值即为输出 SWF 影片时显示的最大字符数。

 **任务实施**

某公司想要设计一款整体尺寸为 800 像素 × 450 像素的网络广告 Banner,用于商品促销。在设计上考虑以粉色为主,并通过女孩、服装等素材展现商品效果。在文字排版上,网络广告 Banner 的文字氛围两个部分,主要文字区域用于突出主题,次要文字区域用于展示商品销售的具体产品。

（1）启动 Animate CC 2022，选择"文件"→"新建"菜单命令，打开"新建文档"对话框，"平台"选择"ActionScript 3.0"，在右侧的"详细信息"栏中设置"宽"和"高"分别为"800""450"，单击 创建 按钮。

（2）在右侧的"属性"面板中设置"背景颜色"为"#FFB8DA"。

（3）在"时间轴"面板中将"图层_1"命名为"图片"。按"Ctrl + R"组合键，在打开的"导入"对话框中，将"素材.png"导入到舞台中，使用"对齐"面板将素材调整到合适位置，效果如图3-9所示。

图 3-9　调整素材位置

（4）在"时间轴"面板中单击"新建图层"按钮 ，创建新图层并将其命名为"标题文字"。

（5）选择"文本工具" ，在"属性"面板的"实例行为"栏中选择"静态文本"选项，设置"字体"为"方正兰亭粗黑简体"，"大小"为"93 pt"，取消勾选"自动调整字距"复选框，在"选择字距调整量"数字框中输入"-5"，设置"填充"为"#FFFFFF"，如图 3-10 所示。

（6）在舞台的右侧区域单击鼠标左键，此时出现一个文本输入框，在其中输入"夏季T恤"文本，如图 3-11 所示。

图 3-10　属性设置

图 3-11　标题文字

(7) 选中文字,按"Ctrl+T"组合键,在打开的"变形"对话框中,将"旋转"后的数值设为"-2.5",如图 3-12 所示。

图 3-12　旋转效果

(8) 保持文字的选取状态,按两次"Ctrl+B"组合键,将文字分离,选择"修改"→"变形"→"封套"命令,在文字图形上出现控制点,调整各个控制手柄将文字变形,效果如图 3-13 所示。

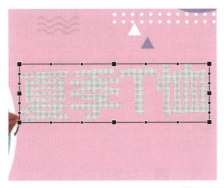
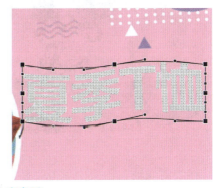

图 3-13　文字变形

(9) 在"时间轴"面板中单击"新建图层"按钮,创建新图层并将其命名为"价位"。

(10) 选择"文本工具",在"属性"面板的"实例行为"栏中选择"静态文本"选项,设置"字体"为"方正兰亭粗黑简体","大小"为"88 pt",在"选择字距调整量"数字框中输入"3",设置"填充"为"#FEF500",文字效果如图 3-14 所示。

(11) 选中文字,按"Ctrl+T"组合键,在打开的"变形"对话框中,将"旋转"后的数值设为"-2.5",效果如图 3-15 所示。

(12) 在"时间轴"面板中单击"新建图层"按钮,创建新图层并将其命名为"分类"。

(13) 选择"文本工具",在"属性"面板的"实例行为"栏中选择"静态文本"选项,设置"字体"为"方正兰亭粗黑简体","大小"为"42 pt",在"选择字距调整量"数字框中输入"-3",设置"填充"为"#FFFFFF",文字效果如图 3-16 所示。

图 3-14　输入价位　　　　图 3-15　文字变形

图 3-16　文字效果

（14）在"时间轴"面板中单击"新建图层"按钮，创建新图层并将其命名为"圆角矩形"。

（15）在工具箱中选择"基本矩形"工具，在"属性"面板中，将"笔触"设置为，"填充"设置为"#EE2F84"，选中"矩形边角半径"，在后面的数值框中输入"35"，在舞台窗口中绘制一个圆角矩形，效果如图 3-17 所示。

图 3-17　圆角矩形

(16) 在"时间轴"面板中将"圆角矩形"图层拖曳到"分类"图层的下方,效果如图 3-18 所示。

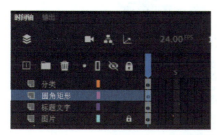

图 3-18 调整图层顺序

(17) 在"时间轴"面板中,将"分类"图层和"圆角矩形"图层拖曳到"图片"图层下方,完成效果如图 3-19 所示。

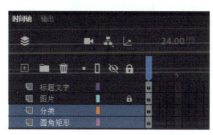

图 3-19 最终效果

(18) 完成后按"Ctrl + S"组合键保存文件。

## 任务二 制作招聘 DM 单

某公司想使用 Animate 制作一张招聘 DM 单,需要对其中的一些文本进行变形、填充位图及设置边框等操作。值得注意的是,在 Animate 中要对文本进行变形、设置特殊的填充高效果及设置边框等操作,很多时候需要先将文本分离,将其转换为普通的绘制对象后才能进行操作。

### 任务目标

制作招聘 DM 单。制作时,先分离文本,然后进行变形,并设置填充和边框。通过本任务的学习,用户可以掌握文本变形以及为文本设置填充和边框的方法。本任务完成后的效果如图 3-20 所示。

# 互动媒体设计与制作

图 3-20　招聘 DM 单

## 相关知识

本任务主要实现文本变形、文本填充等功能。

### 一、文本变形

在 Animate 中可以使用任意变形工具对文本进行缩放、旋转和倾斜等一般变形操作，如图 3-21 所示。

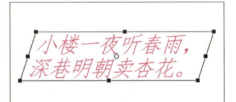

图 3-21　对文本进行一般变形

对文本进行扭曲和封套操作时,需要先选择两次"修改"→"分离"菜单命令,或按"Ctrl + B"组合键,将文本转换为普通对象后,再进行扭曲和封套操作。图 3 – 22 所示为对文本进行封套操作步骤。

 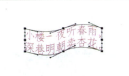

图 3 – 22　对文本进行封套操作步骤

## 二、文本填充

在 Animate 中,文本只能填充纯色,若要对文本填充线性渐变、径向渐变、位图等效果,需要先将文本分离为普通的绘制对象后,再通过"颜色"面板设置填充。图 3 – 23 所示为文本填充线性渐变的步骤。

图 3 – 23　为文本填充线性渐变的步骤

在 Animate 中,文本是没有边框的,若要为文本添加边框,需要先将文本分离为普通的绘制对象,然后使用墨水瓶工具来单击文本的每一条边缘,为其添加边框,如图 3 – 24 所示

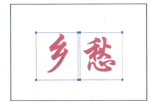  

图 3 – 24　为文本添加边框

## 任务实施

某公司需要招聘新员工,为了拓宽招聘渠道,决定在网络发布招聘公告。公告的尺寸大小为 500 像素 × 800 像素,整体以黄色为主体,用暖色调吸引人的眼球。在文字排版上,招聘广告的文字分为两个部分:标题文字需要进行变形和填充,用于突出主题;招聘文字则用于展示公司具体的招聘要求。

(1) 启动 Animate CC 2022,选择"文件"→"打开"菜单命令,打开"招聘 DM 单.fla"文件。

(2) 在"时间轴"面板中单击"新建图层"按钮 ⊞，创建新图层并将其命名为"文字"。

(3) 选择"文本工具" T，在"属性"面板的"实例行为"栏中选择"静态文本"选项，设置"字体"为"方正剪纸简体"，"大小"为"100 pt"，"填充"为"#000000"，在舞台上方输入"诚聘精英"文本，如图 3-25 所示。

图 3-25 输入文本

(4) 使用任意变形工具 ▣ 对文本进行倾斜变形，如图 3-26 所示。

(5) 按"Ctrl + B"组合键分离文本，然后使用任意变形工具 ▣ 调整每个文字的大小，如图 3-27 所示。

图 3-26 倾斜变形文本　　　　　　图 3-27 调整每个字的大小

(6) 选择"文本工具" T，在"属性"面板的"实例行为"栏中选择"静态文本"选项，设置"字体"为"方正大黑简体"，"大小"为"30 pt"，"填充"为"#000000"，在"精英"文本下方输入英文"RECRUITMENT"，然后使用任意变形工具 ▣ 对文本进行倾斜变形，如图 3-28 所示。

图 3-28 倾斜变形文本

（7）使用钢笔工具 在"RECRUITMENT"文本下方绘制一个三角形，然后选择"颜料桶工具" ，在"属性"面板中设置"填充"为"#000000"，为三角形填充黑色，如图 3-29 所示。

图 3-29 绘制三角形

（8）选择"选择工具" ，选中"诚聘精英""RECRUITMENT"文本和三角形，按两次"Ctrl+B"组合键将所选内容转换为普通的绘制图形，在"颜色"面板中设置填充类型为"位图填充"，单击"导入"按钮，在打开的"导入到库"对话框中选择"背景.png"文件，单击"打开"按钮，文本将以位图形式进行填充，效果如图 3-30 所示。

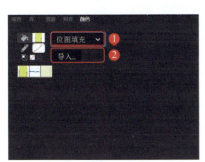 

图 3-30 位图填充效果

（9）选择"文本工具" ，在"属性"面板的"实例行为"栏中选择"静态文本"选项，设置"字体"为"方正大黑简体"，"大小"为"30 pt"，"填充"为"#FFFFFF"，在中间的蓝色方框中输入文本"加入我们"，如图 3-31 所示。

图 3-31　输入文本

（10）按两次"Ctrl + B"组合键分离文本，选择墨水瓶工具，在"属性"面板中设置"笔触"为"#003366"，"笔触大小"为"1"，依次单击文本中的每一个边缘，为文本添加边框效果，效果如图 3-32 所示。

图 3-32　输入文本

（11）在下方的浅黄色方框中输入招聘职位的具体信息，职位名称的"系列、大小、颜色和行距"分别为"方正大黑简体、24 pt、#0064A7、5.0"，圆点的颜色为"#DD137B"，职位要求的"系列、大小、颜色、左缩进、行距"分别为"方正准圆简体、14 pt、#333333、30.0 pt、5 点"，效果如图 3-33 所示。

（12）在浅黄色方框的下方输入电话和地址，设置"系列、大小和颜色"分别为"方正大黑简体、15 pt、#DD137B"，效果如图 3-34 所示。

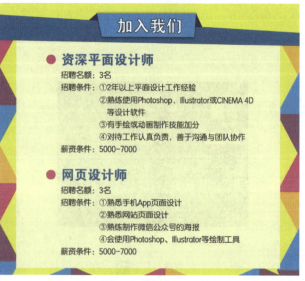

图 3-33　输入招聘职位的具体信息

图 3-34　输入电话和地址

（13）按"Ctrl+S"组合键保存文件，完成本任务的操作。

## 巩固练习

### 1. 制作教育标志

使用提供的素材文件，使用"文本"工具输入需要的文字，使用"分离"命令将义本打散，使用"封套"命令对文字进行变形，参考效果如图 3-35 所示。

图 3-35　教育标志

### 2. 制作中秋横幅广告

通过制作中秋横幅广告，体现中秋主题，并通过文字展现具体的广告内容，参考效果如图 3-36 所示。

图 3-36 中秋横幅广告

## 技能提升

### 1. 怎样快速替换字体？

使用查找和替换功能可以快速将动画文件中的某一种字体替换为另一种字体，或者将所有字体替换为同一种字体。

其操作方法为：按"Ctrl+F"组合键打开"查找和替换"面板，在"搜索"下拉列表中选择"字体"选项实现字体的替换功能，如图 3-37 所示。在"查找"下拉列表框中可以选择要查找的字体，如果选择"任何字体"选项，则查找所有的字体。勾选"大小"复选框，将只查找指定大小范围内的字体。在"替换"下拉列表框中可以选择替换后的字体，勾选"大小"复选框，会将查找到的字体替换为指定大小。在"关联"下拉列表框中可以选择查找范围，有"当前帧""当前场景""当前文档""所有打开的文档"4 个选项。

图 3-37 "查找和替换"面板

### 2. 如何实现文本的渐变填充？

在输入文本的过程中，还可以为输入的文本填充渐变颜色。其操作方法为：选择输入的文本，按两次"Ctrl+B"组合键，将文本转换为填充图形，选择"窗口"→"颜色"命令，打开"颜色"面板，单击"填充"按钮，在"颜色类型"下拉列表框中选择"线性渐变"和"径向渐变"后，在下方单击滑块设置渐变颜色，文本将根据设置发生变化。

3. **怎样为文本添加阴影和发光效果？**

可以通过滤镜来实现，不过在HTML5 Canvas类型中，不能添加滤镜，可以先按"F8"键将文本转换为影片剪辑元件后再添加滤镜。

> 学习笔记

___

___

___

___

# 项目四

# 使用元件和素材

## 【项目导读】

在 Animate 中制作动画时,往往需要导入外部的素材来增强画面的效果,另外,还可以将素材转换为元件,以便多次调用,被调用的素材被称为实例。完成元件的转换后,还可以将元件添加到"库"面板中,方便用户使用。

## 【知识目标】

◇ 掌握导入图片素材的方法。
◇ 掌握元件的基本操作。
◇ 熟悉实例的基本操作。
◇ 熟悉库的基本操作。

## 【能力目标】

◇ 能够制作环保海报。
◇ 能够制作购物卡片。

## 【素质目标】

◇ 提升管理动画素材的能力。
◇ 理解元件、实例和库的区别与联系。
◇ 增强动画的整体设计能力。

## 任务一 制作环保海报

环保主题海报是公益海报的一种,其目的是号召人们保护环境,让人们树立环境保护意识,具有教育性、警示性、宣传性、社会性和公益性等特征。在设计环保主题海报时,设计人员需要通过海报中的图形语言体现对人类生存环境的重视,还应搭配警示文字和图形,使作品体现出环境保护的意识和理念。

### 任务目标

完成"地球 1 小时"环保海报的制作,在制作时,需要从外部导入素材,并且对素材进行元件的转化,为其添加相应的滤镜效果,从而丰富动画的表现形式。通过本任务的学习，用户可以掌握导入素材的相关方法，可以熟练地创建和编辑元件，并能为实例设置色彩效果、滤镜效果等。本任务完成后的效果如图 4-1 所示。

## 相关知识

图 4-1 "地球 1 小时"环保海报效果

本任务主要通过"元件"和"库"面板来完成。其中，元件可以看作不断重复使用的特殊的"零件"，通过将"零件"拼装起来，便能快速组成完整的动画；"库"则是存储创建的元件和导入的文件的"仓库"，素材和元件可以直接从"库"中进行调用。

### 一、认识元件和实例

在 Animate 中，可以将需要重复使用的元素转换为元件，以便调用，被调用的元素称为实例。元件是由多个独立的元素和动画合并而成的整体，每个元件都有唯一的时间轴、舞台和图层。在文件中使用元件可以减小文件的大小，还可以加快动画的播放速度。

实例是指位于舞台上或嵌套在另一个元件内的元件副本，Animate 允许更改实例的颜色、大小、功能，并且对实例的更改不会影响其父元件，但编辑元件会更新它的所有实例。在 Animate 中可以创建影片剪辑、图形和按钮 3 种类型的元件。

▶ **影片剪辑元件**：影片剪辑元件拥有独立于主时间轴的多帧时间轴，其中包含交互组件、图形、声音或其他影片剪辑实例。播放动画时，影片剪辑元件也会随着动画进行播放。

▶ **按钮元件**：在按钮元件中可创建用于响应鼠标单击、滑过和其他动作的交互式按钮，包含弹起、指针经过、按下、点击 4 种状态。在这 4 种状态的时间轴中都可以插入影片剪辑元件来创建动态按钮，还可以给按钮元件添加脚本程序，使按钮具有交互功能。

▶ **图形元件**：图形元件是制作动画的基本元素之一，用于创建可反复使用的图形或连接到主时间轴的动画片段。图形元件可以是静止的图片，也可以是由多帧组成的动画。图形元件与主时间轴同步运行，但交互式控件和声音在图形元件的动画序列中不起作用。

### 二、创建和转换元件

#### （一）创建影片剪辑元件

在制作动画的过程中，影片剪辑元件是使用较多的一种元件。其创建方法为：选择"插入"→"新建元件"命令或按"Ctrl + F8"组合键，打开"创建新元件"对话框，在"类型"下拉列表框中选择"影片剪辑"选项，单击 确定 按钮，完成影片剪辑元件的创建，如图 4-2 所示。

图4-2 创建影片剪辑元件

**（二）创建按钮元件**

按钮元件主要用于制作交互式动画所需的各种按钮。其创建方法为：选择"插入"→"新建元件"命令，打开"创建新元件"对话框，在"类型"下拉列表框中选择"按钮"选项，单击 确定 按钮，完成按钮元件的创建，如图4-3所示。

图4-3 创建按钮元件

编辑按钮元件主要是对"时间轴"面板中的4个帧进行编辑，分别是弹起、指针经过、按下、点击，如图4-4所示。

图4-4 按钮元件的"时间轴"

↘ **弹起**：弹起是指当按钮未被按下或者有其他操作时所呈现的状态，是没有进行任何操作时显示的帧。

↘ **指针经过**：如果在弹起帧和指针经过帧中分别添加不同的图像，则当鼠标指针移动到该按钮上时，按钮的外观会自动改变为指针经过帧所包含的图像。

↘**按下**：按下是指当按钮按下时所呈现的效果。

↘**点击**：点击帧主要用于设置按钮的反应区域，在点击帧中放置的图片都会在点击后的效果中呈现。

**（三）创建图形元件**

图形元件的创建方法与其他两种元件的创建方法类似，只需在打开的"创建新元件"对话框的"类型"下拉列表框中选择"图形"选项，单击 确定 按钮，即可完成图形元件的创建，如图4－5所示。

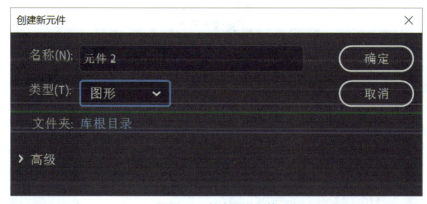

图4－5　创建图形元件

**（四）转换为元件**

除了创建元件外，还可以直接在场景中选择已经绘制或导入的图像，然后将其转换为元件。

将场景中的对象转换为元件通常有两种方法：一种是选择需要转换的对象后，按"F8"键，在打开的"转换为元件"对话框中输入元件的名称和设置元件的类型，然后单击 确定 按钮；另一种是选择需要转换的对象后，单击鼠标右键，在弹出的快捷菜单中选择"转换为元件"命令，在打开的"转换为元件"对话框中设置相应的内容，如图4－6所示。

图4－6　转换为元件

### （五）转换元件类型

转换元件类型是在创建元件后，将元件的类型在影片剪辑元件、按钮元件和图像元件之间相互转换。其操作方法为：选择"窗口"→"库"命令，在打开的"库"面板的"名称"列表中选择需要修改的元件，单击鼠标右键，在弹出的快捷菜单中选择"属性"命令，如图4-7所示。

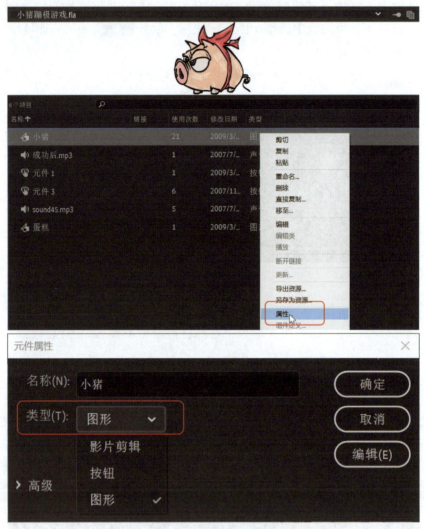

图4-7 转换元件类型

### （六）交换元件

交换元件是指将元件应用于场景后，将场景中的元件实例通过交换元件的方式替换为其他的元件。其操作方法为：在编辑元件后，右击，在弹出的快捷菜单中选择"交换元件"命令。打开图4-8所示的对话框，在其中选择其他的元件，单击 确定 按钮，完成元件的交换。

图 4-8　交换元件

### 三、编辑元件

创建元件后，除了可以修改元件的类型外，还可以对元件的内容进行编辑，如替换其中的图像和添加其他的图像、动画等。编辑元件的方式有很多，具体介绍如下：

↳ **直接编辑**：选择"库"面板中的元件，单击鼠标右键，在弹出的快捷菜单中选择"编辑"命令，在打开的窗口中进行编辑。

↳ **在当前位置编辑**：如果将创建的元件应用于场景中，则可在场景中使用鼠标左键双击该元件，或在该元件上右击，在弹出的快捷菜单中选择"在当前位置编辑"命令，在场景的当前位置进行编辑。

### 四、编辑实例

实例是位于舞台中或嵌套在另一个元件内部的元件副本。在 Animate 中可以更改实例的颜色、大小、功能等，并且实例的更改不会影响其父元件，但编辑元件会更改由该元件创建的所有实例。

对实例进行编辑，包括设置色彩效果、实例名称、混合模式、滤镜等操作。若要对实例内容进行更改，则需要进入元件中才能操作，并且该操作会改变所有由该元件创建的实例。

## （一）设置实例色彩效果

选择舞台中的实例，打开"属性"面板，在"色彩效果"下拉列表框中包含"无""亮度""色调""高级""Alpha" 5 个选项，如图 4-9 所示。其中，"无"表示不做任何修改，其他 4 个选项的功能如下。

图 4-9　色彩效果选项

▶ **亮度**：亮度用于调整实例的亮度，度量范围为黑（-100%）到白（100%）。拖曳"亮度"后的滑块，或在文本框中输入亮度值，可调整实例的亮度，如图 4-10 所示。

原图

50%

-50%

图 4-10　亮度效果

▶ **色调**：色调主要用于对实例进行着色操作。选择"色调"选项，可拖曳"红色""绿色""蓝色"栏下方的滑块来选定颜色，也可单击"着色"按钮 ▊ ，在打开的下拉列表框中选择要调整的色调进行调色，然后拖曳"色调"栏中的滑块调整颜色，其中，"0"表示没有影响，"100%"表示实例完全变为起始颜色，如图 4-11 所示。

▶ **高级**：选择"高级"选项，可调节实例颜色和透明度。"高级"选项包括"Alpha""红色""绿色""蓝色" 4 个选项，每个选项对应两个调节框，左边的调节框用于减少相应的颜色和透明度值，右边的调节框用于增加相应颜色和透明度值，如图 4-12 所示。

▶ **Alpha**：选择"Alpha"选项，可调节实例的透明度。其透明度范围为 0%～100%，0% 表示完全透明，100% 表示完全不透明。图 4-13 所示为 Alpha 为 50% 的效果。

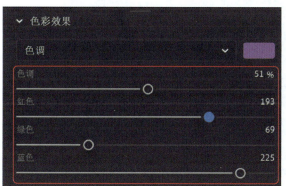 

图 4-11 色调效果

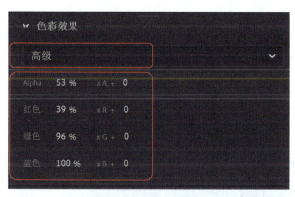 

图 4-12 高级效果

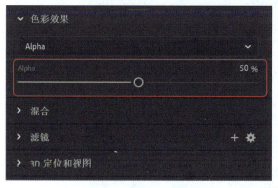 

图 4-13 Alpha 效果

## (二) 设置实例名称

为了便于后期对某个具体对象进行操作,可为实例设置名称。设置名称时,可以使用中文、英文、数字和下划线。

实例名称的设置只是针对影片剪辑元件和按钮元件,图形元件没有实例名称。实例创建完成后,在舞台中选择实例,打开"属性面板",在实例名称文本框中输入实例名称,如图 4-14 所示。

图 4-14　设置实例名称

**（三）设置实例混合模式**

混合模式是实例的一种属性，通常用于两个或两个以上的对象在重叠时所呈现的效果，可使实例变得更丰富。需要注意的是，混合模式只能运用到影片剪辑实例和按钮实例中，图形实例没有该选项。

设置实例混合模式的操作方法为：选择实例后，在"属性"面板的"显示"栏的"混合"下拉列表框中选择需要的混合模式类型，如图 4-15 所示。

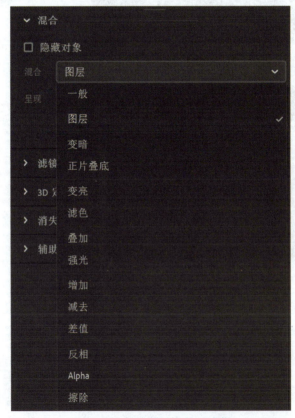

图 4-15　混合模式下拉列表框

混合模式类型具体介绍如下：
- **一般**：保持原有颜色效果，不与基准颜色发生交互，如图4-16所示。
- **图层**：可以层叠各个影片剪辑，而不影响其颜色。
- **变暗**：只替换比混合颜色亮的区域，比混合颜色暗的区域将保持不变，如图4-17所示。

图4-16 一般

图4-17 变暗

- **正片叠底**：将基准颜色与混合颜色复合，从而产生较暗的颜色，如图4-18所示。
- **变亮**：只替换比混合颜色暗的区域，比混合颜色亮的区域将保持不变，如图4-19所示。

图4-18 正片叠底

图4-19 变亮

- **滤色**：将混合颜色的反色与基准颜色复合，从而产生漂白效果，如图4-20所示。
- **叠加**：进行色彩增值或过滤颜色，具体操作需取决于基准颜色，如图4-21所示。

图 4-20 滤色

图 4-21 叠加

▶ **强光**：进行色彩增值或过滤颜色，具体操作需取决于混合模式颜色。该效果类似于用点光源照射对象，如图 4-22 所示。

▶ **增加**：根据比较颜色的亮度，从基准颜色增加混合颜色，有类似于变亮的效果，如图 4-23 所示。

图 4-22 强光

图 4-23 增加

▶ **减去**：根据比较颜色的亮度，从基准颜色减去混合颜色，如图 4-24 所示。

▶ **差值**：从基色减去混合色或从混合色减去基色，具体取决于哪一种的亮度值较大。该效果类似于彩色底片，如图 4-25 所示。

▶ **反相**：取基准颜色的反色，该效果类似于彩色底片，如图 4-26 所示。

▶ **Alpha**：使实例变得透明。

▶ **擦除**：删除所有基准颜色像素，包括背景图像中的基准颜色像素，如图 4-27 所示。

图4-24 减去

图4-25 差值

图4-26 反相

图4-27 擦除

## (四)设置实例滤镜效果

在"属性"面板的"滤镜"栏中可以为实例添加滤镜效果。在HTML5 Canvas类型下,支持"投影""模糊""发光"和"调整颜色"4种滤镜效果。

### 1. 投影滤镜

投影滤镜可以为元件实例添加阴影效果。选择要应用投影的实例,在"属性"面板的"滤镜"栏中,单击 按钮,在打开的下拉列表中选择"投影"选项,即可添加投影滤镜,如图4-28所示,各个参数的作用介绍如下。

- ➡ **"模糊X"和"模糊Y"**:用于设置投影的宽度和高度。
- ➡ **强度**:用于设置阴影暗度,数值越大,阴影越暗。
- ➡ **品质**:用于设置投影的质量级别,设置为"高"时,近似于高斯模糊,设置为"低"时,可以实现最佳回放性能。
- ➡ **角度**:用于设置阴影的角度,输入数值调整阴影方向。

- 距离：用于设置阴影与对象之间的距离。
- 挖空：用于挖空源对象，并在挖空图像上只显示投影。
- 内阴影：用于在对象边界内应用阴影。
- 隐藏对象：用于隐藏对象并只显示其阴影，可以更轻松地创建逼真的阴影。
- 颜色：用于打开颜色选择器设置阴影颜色。

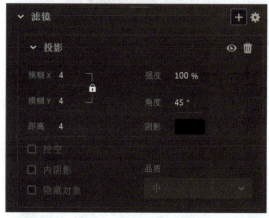

图 4-28　投影滤镜

### 2. 模糊滤镜

模糊滤镜可用于柔化实例的边缘和细节，选择要应用模糊滤镜的实例，在"属性"面板"滤镜"栏中单击 按钮，在打开的下拉列表中选择"模糊"选项，即可添加模糊滤镜，如图 4-29 所示，各个参数的作用介绍如下。

图 4-29　模糊滤镜

- "模糊 X"和"模糊 Y"：用于设置模糊的宽度和高度。
- 品质：用于设置模糊的质量级别，设置为"高"时，近似于高斯模糊；设置为"低"时，可以实现最佳回放性能。

### 3. 发光滤镜

使用发光滤镜，可以为实例周边添加一圈渐变到透明的颜色。选择要应用发光滤镜的实例，在"属性"面板的"滤镜"栏中添加 按钮，在打开的下拉列表中选择"发光"选项，即可添加发光滤镜，如图 4－30 所示，各个参数的作用介绍如下。

图 4－30　发光滤镜

- "模糊 X"和"模糊 Y"：用于设置发光的宽度和高度。
- 颜色：用于设置发光的颜色。
- 强度：用于设置发光的强度。
- 挖空：用于挖空源对象并在挖空图像上只显示发光。
- 内发光：用于在对象边界内应用发光。
- 品质：用于设置发光的质量级别，设置为"高"时，近似于高斯模糊，设置为"低"时，可以实现最佳回放性能。

4. 调整颜色滤镜

使用调整颜色滤镜可以调整所选实例的对比度、亮度、饱和度、色相这 4 项属性。选择要应用调整颜色滤镜的实例，在"属性"面板的"滤镜"栏中添加 按钮，在打开的下拉列表中选择"调整颜色"选项，即可添加调整颜色滤镜，如图 4－31 所示，各个参数的作用介绍如下。

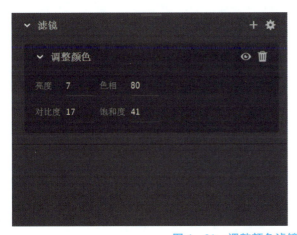

图 4－31　调整颜色滤镜

↘ **亮度**：用于调整实例的亮度，使实例更加明亮或更加昏暗。
↘ **对比度**：用于调整实例的对比度，增加或减小亮部和暗部的对比。
↘ **饱和度**：用于调整实例的饱和度，增加或降低实例颜色的鲜艳程度。
↘ **色相**：用于调整实例的色相，改变实例的颜色。

### 五、"库"面板的组成

"库"面板主要用于存放和管理动画文件中的素材和元件。选择"窗口"→"库"命令，或按"Ctrl + L"组合键，均可打开"库"面板，如图 4 – 32 所示。

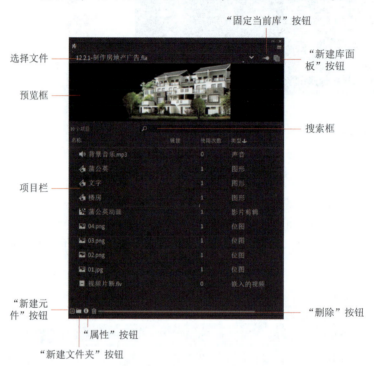

图 4 – 32　"库"面板

"库"面板中的参数介绍如下。

↘ **"选择文件"下拉列表框**：若在 Animate 中打开了多个文件，则在"库"面板的"选择文件"下拉列表框中可方便、快捷地调用其他文件中的元件和素材。

↘ **预览框**：在项目栏中选择"库"面板中的项目后，可在预览框中预览。

↘ **搜索框**：在该文本框中输入名称，可以搜索"库"面板中的项目。

↘ **项目栏**：显示"库"面板中的所有元件、视频、声音、图形等素材。

↘ **"新建元件"按钮** ：单击该按钮，可以新建元件。

↘ **"新建文件夹"按钮** ：单击该按钮，可以新建文件夹，将相互关联的元素和元件放置在同一文件夹中，方便素材管理。

↘ **"属性"按钮** ：在"库"面板中选择一个元件后，单击该按钮，可以在打开的"元件属性"对话框中更改元件的名称和类型等属性。

➷"删除"按钮：单击该按钮，或按"Delete"键可以删除当前选择的文件。

➷"固定当前库"按钮：单击该按钮，按钮会变成 形状，此时可切换到其他文件，然后将固定库中的元件引用到其他文件中。

➷"新建库面板"按钮：单击该按钮，可以新建一个包含当前"库"面板所有素材和元件的"库"面板。

## 六、导入外部库文件

一般情况下，"库"面板中显示的都是当前文件中使用的素材，除此之外，还可以将其他文档作为外部库文件打开，将其中的素材导入当前的文件中使用。

导入外部库的操作方法为：选择"文件"→"导入"→"打开外部库"命令，在"打开"窗口中选择作为外部库的文件，如图4-33所示。单击  按钮，打开一个新的"库"面板，可以调用其中的元件，但不能修改，如图4-34所示。

图4-33 打开外部库

图4-34 新打开的"库"面板

 **任务实施**

"地球1小时"是世界自然基金会应对全球气候变化所提出的一项全球性节能活动，全球多地以熄灯的方式来参加该活动。本海报是为了宣传该活动而制作的宣传动画海报，整个海报尺寸为1 080像素×1 920像素。设计时，可将原有的海报内容转换为元件，并进行实例的编辑操作，然后添加闪烁的动画效果，提升整个海报的美观度。

（1）启动Animate CC 2022，选择"文件"→"新建"菜单命令，打开"新建文档"对话框，"平台"选择"ActionScript 3.0"，在右侧的"详细信息"栏中设置"宽"和"高"分别为"1 080"和"1 920"，单击 按钮。

（2）选择"属性"面板，设置舞台"背景颜色"为"#000000"，如图4-35所示。

（3）选择"文件"→"导入"→"导入到舞台"命令，打开"导入"对话框，在其中选择完成本次任务制作所需的"地球.png"等素材文件，单击"打开"按钮，如图4-36所示。

（4）从"库"面板中，将"地球.png"素材文件拖曳出来，与舞台底部对齐，如图4-37所示，并双击"图层_1"，将其重命名为"地球"，如图4-37所示。

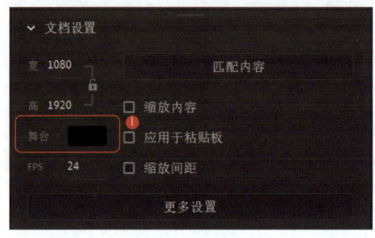

图 4-35 设置舞台背景

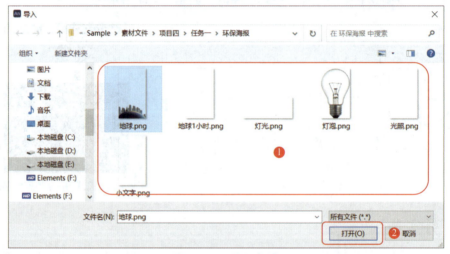

图 4-36 导入素材

图 4-37 放置"地球"素材

（5）选中素材，按"F8"键，打开"转换为元件"对话框，在"名称"文本框中输入"地球效果"，在"类型"下拉列表框中选择"影片剪辑"选项，单击 确定 按钮，如图 4-38 所示，新建"地球效果"影片剪辑元件。

图 4-38　转换为元件

(6) 选中该元件,在"属性"面板中添加滤镜效果,单击滤镜栏中的"添加滤镜"按钮 ,在打开的下拉列表中选择"调整颜色",设置"饱和度"为"-100",去除素材的色彩,如图 4-39 所示。

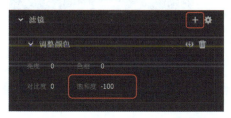 

图 4-39　设置饱和度

(7) 双击进入"地球效果"影片剪辑元件内部,选中"地球"素材文件,按"F8"键将其转换为"影片剪辑元件",并命名为"地球"。在"属性"面板中,为该影片剪辑元件添加"调整颜色"滤镜效果,设置"亮度"为"-37",如图 4-40 所示。

图 4-40　设置亮度

(8) 在"时间轴"面板中,依次在帧 10、帧 20、帧 30 和帧 40 处按"F6"键插入关键帧,如图 4-41 所示。

图 4-41　插入关键帧

(9) 分别为帧 10、帧 30 的"地球"影片剪辑元件添加"调整颜色"滤镜,设置"亮度"为"30","对比度"为"35",如图 4-42 所示。为帧 20 的"地球"影片剪辑元件添加"调整颜色"滤镜,设置"亮度"为"76","对比度"为"72",如图 4-43 所示。

图 4-42 调整颜色滤镜效果(1)

图 4-43 调整颜色滤镜效果(2)

(10)单击 ← 按钮返回场景,单击"新建图层"按钮 新建图层,将图层名改为"灯泡"。

(11)从"库"面板中拖曳"灯泡.png",放置在舞台的中央,利用"任意变形工具" 适当调整其大小,按"F8"键,将其转换为"影片剪辑元件",设置名称为"灯光效果",如图 4-44 所示。

图 4-44 灯光效果元件创建

(12)双击进入"灯光效果"影片剪辑元件内部,选中"灯泡.png"素材,按"F8"键,将其转换为"影片剪辑元件",设置名称为"灯泡",将"图层_1"重命名为"灯泡"。

(13)在"时间轴"面板中,依次在帧10、帧20、帧30和帧40处按"F6"键插入关键帧,如图4-45所示。

图4-45 插入关键帧

(14)分别为帧10、帧30的"灯泡"影片剪辑元件设置"色彩效果",在下拉列表框中选择"色调"选项,单击"着色"按钮 ，在打开的下拉列表框中设置色调颜色为"#FFFFFF",拖曳"色调"滑块至"41%",如图4-46所示。

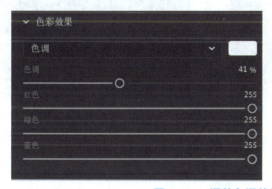

图4-46 调整色调效果

(15)在帧20的"地球"影片剪辑元件设置"色彩效果",在下拉列表框中选择"色调"选项,设置色调颜色为"#FFFFFF",拖曳"色调"滑块至"85%",如图4-47所示。

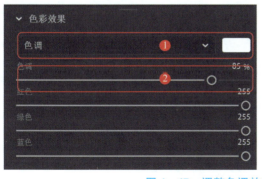

图4-47 调整色调效果

(16)在"时间轴"面板中,单击"新建图层"按钮 新建图层,将图层名改为"灯光"。

(17)从"库"面板中拖曳"灯光.png",放置在"灯泡"上方,利用"任意变形工具" ▦ 适当调整其大小，按"F8"键，将其转换为"图形元件"，设置名称为"灯光"，如图4-48所示。

图4-48 灯光元件创建

（18）选择"灯光"图形元件，在"属性"面板中设置"色彩效果"，在下拉列表框中选择"Alpha"选项，拖曳"Alpha"滑块至"0%"，如图4-49所示。

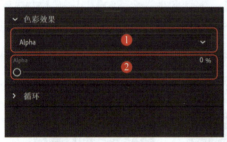

图4-49 Alpha效果

（19）在"时间轴"面板中，依次在帧10、帧20、帧30和帧40处按"F6"键插入关键帧。

（20）在帧10、帧30的"灯光"图形元件中设置"色彩效果"，在下拉列表框中选择"Alpha"选项，拖曳"Alpha"滑块至"36%"。在帧20的"灯光"图形元件中设置"色彩效果"为"无"。

（21）单击 ← 按钮返回场景，单击"新建图层"按钮 ⊞ 新建图层，将图层名改为"光照"，从"库"面板中拖曳"光照.png"素材至舞台的上方，如图4-50所示。

（22）新建图层，将图层名改为"文字"，从"库"面板中拖曳"小文字.png"素材至舞台的上方，如图4-51所示。

（23）新建图层，将图层名改为"标题"，从"库"面板中拖曳"地球1小时.png"素材至舞台的上方。选中对象，按"F8"键，将其转换为"影片剪辑元件"，命名为"标题文字"，如图4-52所示。

（24）在"滤镜"栏中单击"添加滤镜"按钮 ➕，在打开的下拉列表中选择"放光"，设置"模糊X"为"23"，"模糊Y"为"4"，"强度"为"100%"，"颜色"为"#FFFFFF"，如图4-53所示。

（25）按"Ctrl+Enter"组合键，查看整个海报效果，此时可发现灯泡在闪烁，地球忽明忽暗，完成后按"Ctrl+S"组合键保存文件。

图 4-50 添加光照

图 4-51 添加文字

图 4-52 标题文字元件创建

图 4-53 发光效果

## 任务二 制作购物卡片

在利用 Animate 制作动画的过程中，为了方便操作，减轻工作量，往往需要利用其他软件设计的图像素材，于是设计者就需要学会如何导入这些素材。在 Animate 软件中提供了导入这些图像素材的方法，可以将图像文件导入到库，或者直接导入到舞台中。

## 任务目标

完成制作某商场购物卡片，先导入所需的素材文件，然后进行相应的调整即可。通过本任务的学习，用户可以掌握导入各种图像素材的方法。本任务完成后的效果如图 4-54 所示。

## 相关知识

本任务主要是将用各种其他软件制作好的素材文件导入到"库"面板或者舞台中，避免再次绘制，节省制作时间。

图 4-54 购物卡片效果

### 一、导入一般位图

在 Animate 中导入 JPG、PNG、BMP 等格式的图像非常简单，只需选择"文件"→"导入"→"导入到舞台"菜单命令或"文件"→"导入"→"导入到库"菜单命令，打开"导入"对话框，在其中选择需要导入的文件，单击 打开(O) 按钮，即可将图像素材导入舞台或"库"面板中，如图 4-55 所示。

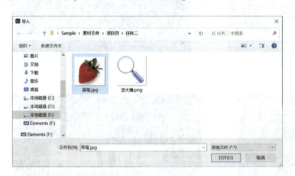 

图 4-55 导入一般位图素材

### 二、导入 PSD 文件

PSD 文件是指使用 Photoshop 制作的文件，Animate 可以导入这类文件，并且保留图层、文本、路径等数据。

选择"文件"→"导入"→"导入到舞台"菜单命令或"文件"→"导入"→"导入到库"菜单命令，打开"导入"对话框，在其中选择需要导入的 PSD 格式文件，单击 打开(O) 按钮，打开图 4-56 所示的对话框。

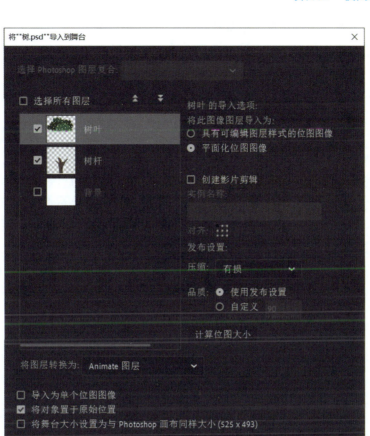

图 4-56 导入 PSD 文件

其中各选项的功能如下。

➥ **选择所有图层**：选中"选择所有图层"复选框，将导入 PSD 文件中的所有图层。

➥ **图层选择框**：在其中可以选择要导入的图层。

➥ **具有可编辑图层样式的位图图像**：选中该单选项，将保留图层的样式效果，并可以在 Animate 中编辑。

➥ **平面化位图图像**：选中该单选项，可将图层转换为位图图像，路径和样式等效果不可编辑。

➥ **创建影片剪辑**：选中该复选框，会将图层转换为影片剪辑元件，并可以设置其实例名称和对齐位置。

➥ **发布设置**：用于设置图层图像的压缩方式和品质。

➥ **将图层转换为**：用于设置图层的转换方式。选择"Animate 图层"选项，会将 PSD 中的每个图层都转换为 Animate 中的一个图层；选择"单一 Animate 图层"选项，将只建立一个 Animate 图层，PSD 文件中所有图层的内容都放置在该图层中；选择"关键帧"选项，会为 PSD 文件中的每个图层创建一个关键帧。

➥ **导入为单个位图图像**：选中该复选框，将合并所有图层。

➥ **将对象置于原始位置**：选中该复选框，导入的图形将保留在 PSD 文件中的原始坐标位置，否则，将放置在舞台正中央的位置。

➥ **将舞台大小设置为与 Photoshop 画布同样大小**：选中该复选框，将设置 Animate 舞台的大小与 Photoshop 画布的大小相同。

### 三、导入 AI 文件

AI 文件是指使用 Illustrator 制作的文件，Animate 可以导入 AI 文件，并且可以保留图层、文本、路径等数据。

选择"文件"→"导入"→"导入到舞台"菜单命令或"文件"→"导入"→"导入到库"菜单命令，打开"导入"对话框，在其中选择 AI 格式的文件。单击 打开(O) 按钮，打开图 4-57 所示的对话框，其中各选项的功能与导入 PSD 文件的对话框类似。

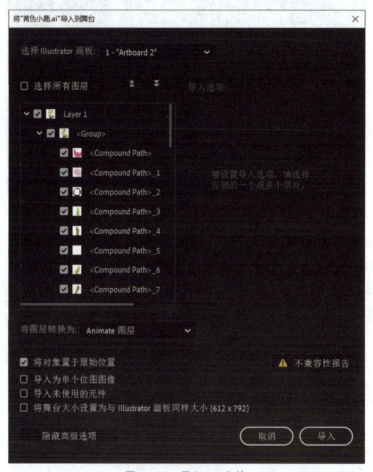

图 4-57　导入 AI 文件

## 四、位图向矢量图的转换

有些位图导入到 Animate 后，对其进行大幅度的放大操作将出现锯齿现象，影响动画的整体效果。Animate 提供了将位图转换为矢量图的功能，方便调整图形。

将位图文件导入到舞台，或从"库"面板拖曳到舞台后，选择该位图文件，在菜单中选择"修改"→"位图"→"转换位图为矢量图"菜单命令，打开"转换位图为矢量图"对话框，在其中设置相关参数，单击 按钮，即可进行转换，如图 4-58 所示。

图 4-58 "转换位图为矢量图"对话框

一般情况下，位图转换为矢量图后，可减小文件的大小，但若导入的位图包含复杂的形状和许多颜色，则转换后的矢量图文件可能比原始的位图文件大，用户可调整"转换位图为矢量图"对话框中的各个参数，找到文件大小和图像品质之间的平衡点。

"转换位图为矢量图"对话框的各参数介绍如下。

▶ **颜色阈值**：当两个像素进行比较后，如果它们在 RGB 颜色值上的差异低于该颜色阈值，则认为这两个像素颜色相同。如果增大该阈值，则意味着减少了颜色的数量。

▶ **最小区域**：用于设置为某个像素指定颜色时需要考虑的周围像素的数量。

▶ **角阈值**：用于设置保留锐边或进行平滑处理。

▶ **曲线拟合**：用于设置绘制轮廓的平滑程度。

**教你一招**

在 Animate 中除了可以将位图转换为矢量图外，还可以将矢量图转换为位图。在舞台中选择要转换为位图的矢量图，然后选择"修改"→"转换为位图"菜单命令即可。

## 任务实施

购物卡片作为一种网络宣传卡片，常在用户打开某个 APP 微程序或网页后自动弹到页面中，用于提醒用户点击查看卡片的内容。随着假日黄金周的来临，某商场要设计一款尺寸为 284 像素×284 像素的购物卡片，用于宣传购物信息，吸引用户眼球。其在设计上，以紫色为主，通过卡通人物形象、白色文字等突出主题；提供按钮，以方便用户对感兴趣的内容进行进一步的查看。

（1）启动 Animate CC 2022，选择"文件"→"新建"菜单命令，打开"新建文档"对话框，"平台"选择"ActionScript 3.0"，在右侧的"详细信息"栏中设置"宽度"和"高度"分别为"284"和"284"，单击 按钮。

(2) 在"属性"面板中,将"舞台颜色"设置为"#F0D8BC",完成舞台背景颜色的更改。

(3) 按"Ctrl+F8"组合键,弹出"创建新元件"对话框,在"名称"项的文本框中输入"文字",在"类型"选项下拉列表中选择"图形"选项。单击 确定 按钮,新建图形元件"文字"。

(4) 在"文字"图形元件窗口中,选择"文件"→"导入"→"导入到舞台"命令,在弹出的"导入"对话框中,选择"01.ai"文件,单击 打开(O) 按钮,文件被导入到舞台窗口中,如图 4-59 所示。

图 4-59 导入文字

(5) 按"Ctrl+F8"组合键,弹出"创建新元件"对话框,在"名称"项的文本框中输入"爱心",在"类型"下拉列表中选择"图形"选项,单击 确定 按钮,新建图形元件"爱心"。

(6) 在"爱心"图形元件窗口中,选择"文件"→"导入"→"导入到舞台"命令,在弹出的"导入"对话框中,选择"02.ai"文件,单击 打开(O) 按钮,文件被导入到舞台窗口中,如图 4-60 所示。

图 4-60 导入爱心

(7) 按"Ctrl+F8"组合键,弹出"创建新元件"对话框,在"名称"项的文本框中输入"心动",在"类型"下拉列表中选择"影片剪辑"选项,单击 确定 按钮,新建影片剪辑元件"心动"。

(8) 将"库"面板中的图形元件"爱心"拖曳到舞台窗口中,并放置在适当的位置,分别选中帧10、帧20插入关键帧,如图 4-61 所示。

图 4－61 插入关键帧

(9) 选中"图层_1"的帧10，在舞台窗口中选中"爱心"实例，在图形"属性面板"中，选择"色彩效果"选项组，在"样式"选项的下拉列表中选择"色调"选项，将"着色"选项设为"#FFFFFF"，拖曳"色调"滑块至50%，如图4－62所示。

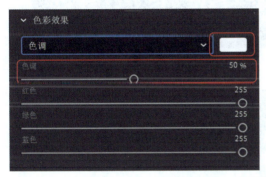 

图 4－62 色调效果

(10) 分别右击"图层_1"的帧1、帧10，在弹出的快捷菜单中选择"创建传统补间"命令，生成传统补间动画，如图4－63所示。

图 4－63 生成传统补间动画

(11) 按"Ctrl+F8"组合键，弹出"创建新元件"对话框，在"名称"项的文本框中输入"按钮"，在"类型"选项下拉列表中选择"按钮"选项，如图4－64所示。单击 确定 按钮，新建按钮元件"按钮"。

(12) 选择"基本矩形工具" ，在基本矩形工具"属性"面板中，将"笔触颜色"设为 ，"填充"设为"#AAADD6"，"矩形边角半径"设为"30"，在"按钮"元件舞台中绘制一个圆角矩形，如图4－65所示。

(13) 选中"图层_1"的"指针经过"帧，按"F6"键，插入关键帧。选中矩形对象，在"属性"面板中将"填充"设为"#EFA5A9",如图 4-66 所示。选中"图层_1"的"按下"帧,按"F6"键,插入关键帧,在"属性"面板中将"填充"设为"#0066FF",效果如图 4-67 所示。

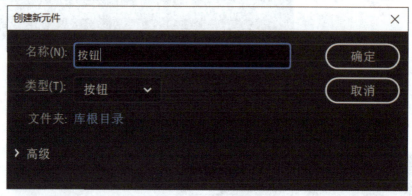

图 4-64 新建按钮元件

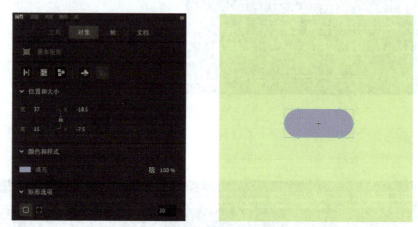

图 4-65 绘制圆角矩形

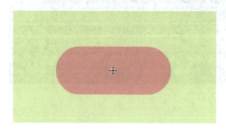

图 4-66 指针经过

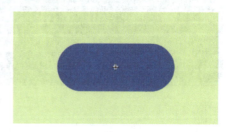

图 4-67 按下

(14)单击"时间轴"面板上方的"新建图层"按钮 ⊞,新建"图层_2",选择"文本工具" T,在文本工具"属性"面板中,设置"大小"为"11 pt","字体"为"汉仪菱心体简","颜色"为"#FFFFFF",文字效果如图 4-68 所示。

(15)按"Ctrl + J"组合键,弹出"文档设置"对话框,将"舞台颜色"设置为"#FFFFFF",单击 确定 按钮,完成对舞台颜色的修改。

(16)单击 ← 按钮返回场景,将"图层_1"重新命名为"矩形"。选择"矩形工具" ,在"属性"面板中将"笔触"设为 ,将"填充"设为"#AAADD6",单击工具箱下方的"对象绘制"按钮 ,在舞台中绘制一个矩形,如图 4-69 所示。

图 4-68  按钮文字

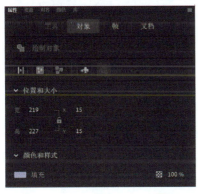

图 4-69  绘制矩形

(17)单击"时间轴"面板上方的"新建图层"按钮 ,新建"图层_2"。选择"文件"→"导入"→"导入到舞台"命令,在弹出的"导入"对话框中,选择"03.ai",单击 打开(O) 按钮,文件被导入到舞台窗口中,将其放置在适当的位置,如图 4-70 所示。将"图层 2"重命名为"人物"。

(18)单击"时间轴"面板上方的"新建图层"按钮 ,创建新图层并将其命名为"心形"。将"库"面板中的影片剪辑元件"心动"拖曳到舞台窗口中,并放在适当的位置,如图 4-71 所示。

图 4-70  添加人物　　　　　　　　　图 4-71  添加心形

（19）单击"时间轴"面板上方的"新建图层"按钮，创建新图层并将其命名为"文字阴影"。将"库"面板中的图形元件"文字"拖曳到舞台窗口中，并放在适当的位置。

（20）选择"选择工具"，在舞台窗口中选中"文字"实例，在图形"属性"面板中，选择"色彩效果"选项组，在"样式"的下拉列表中选择"Alpha"选项，将"Alpha"的数量设置为"50%"，如图4-72所示。

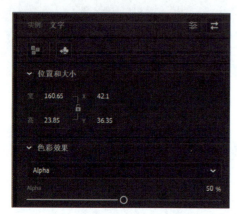 

图4-72　设置透明效果

（21）单击"时间轴"面板上方的"新建图层"按钮，创建新图层并将其命名为"文字"。将"库"面板中的图形元件"文字"拖曳到舞台窗口中，并放置在适当的位置。

（22）单击"时间轴"面板上方的"新建图层"按钮，创建新图层并将其命名为"按钮"。将"库"面板中的按钮元件"按钮"拖曳到舞台窗口中，并放置在适当的位置，最终效果如图4-73所示。

图4-73　添加文字

（23）按"Ctrl + Enter"组合键，查看整个卡片效果，此时可发现粉红的心在闪烁，完成后按"Ctrl + S"组合键保存文件。

## 巩固练习

### 1. 制作"郊外"场景

本练习要求将提供的素材文件导入"库"面板中,从而合成"郊外"场景,要求画面简洁、风格清新、色彩搭配合理,参考效果如图 4-74 所示。

### 2. 制作夏日沙滩场景

本练习要求将提供的"夏日沙滩.psd"素材文件导入"库"面板中,利用选择工具和任意变形工具将素材移动到场景中,组合成一幅夏日沙滩的场景图,参考效果如图 4-75 所示。

图 4-74 郊外场景

图 4-75 夏日沙滩场景

## 技能提升

### 1. 怎样复制与粘贴滤镜效果?

若要对多个对象应用同一种设置好的滤镜,可直接复制并粘贴滤镜。选择一个实例后,在其"属性"面板的"滤镜"栏中单击"选项"按钮,在打开的列表中选择"复制选定的滤镜"选项,可以复制当前选择的滤镜,选择"复制所有滤镜"选项,可以复制当前元件的所有滤镜,如图 4-76 所示。

选择要应用滤镜的对象,单击"选项"按钮,在打开的列表中选择"粘贴滤镜"选项,可将复制的滤镜粘贴到该实例中,如图 4-77 所示。

### 2. 怎样删除位图的背景色?

对于背景为纯色的位图,可以先将其转换为矢量图,然后使用"选择工具"选择纯色背景部分,按"Delete"键即可删除,如图 4-78 所示。这样不仅可以删除背景,还可以减小图像的大小。

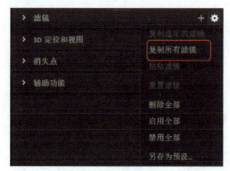
图 4-76　复制滤镜

图 4-77　粘贴滤镜

图 4-78　通过转换为矢量图删除背景

对于背景比较复杂，颜色种类多的位图对象，如果转换为矢量图，则不仅会增加文件大小，而且图像的效果也会变差。这时可以按"Ctrl + B"组合键将图像分离，使用"魔术棒工具"　选择位图的背景后，按"Delete"键删除。

**学习笔记**

# 项目五

# 制作基础动画

【项目导读】

Animate 提供了多种常见的动画类型，其中逐帧动画、补间动画都是比较基础的动画。逐帧动画可使绘制的内容连续播放；补间动画则可丰富动画效果，使整个动画更加具有吸引力。

【知识目标】

◇ 掌握时间轴面板的使用方法
◇ 掌握逐帧动画的制作方法。
◇ 掌握形状补间动画的制作方法。
◇ 掌握传统补间动画的制作方法。
◇ 掌握补间动画的制作方法。

【能力目标】

◇ 能够制作动态宣传海报。
◇ 能够制作促销广告。

【素质目标】

◇ 提升学生制作动画的兴趣。
◇ 促进学生探索不同类型动画的使用场景。
◇ 提高学生灵活使用动画制作方法的能力。

## 任务一 制作谷雨动态海报

在 Animate 中制作动画的关键是对"时间轴"面板中的图层和帧进行操作，只有在不同的帧或图层中添加不同的内容，将内容组合在一起进行播放，才能产生动画效果。本任务就是通过图层和帧的操作来实现谷雨动态海报的制作，再结合一些基础动画，使得海报的动画形式更加生动。

### 任务目标

通过应用图层和帧的相关编辑方法制作谷雨动态海报效果，通过本任务的练习，用户可以熟悉时间轴面板的构成,掌握图层和帧的相关操作方法。本任务完成后的效果如图 5－1 所示。

图 5－1　谷雨动态海报效果

 **相关知识**

在任务制作前,需要掌握时间轴面板、帧以及图层的使用方法,下面分别介绍这些知识。

## 一、时间轴面板

"时间轴"面板用于组织和控制图层和帧中的文件内容。选择"窗口"→"时间轴"菜单命令,打开"时间轴"面板,如图 5－2 所示。

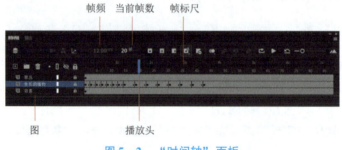

图 5－2　"时间轴"面板

## 二、帧的使用

在时间轴中,使用帧来组织和控制文件的内容。不同类型的帧可以存储不同的内容,这些内容虽然是静止的，但将连贯的画面依次放置到帧中，再按照顺序依次播放这些帧，便形成了最基本的 Animate 动画。

（一）帧的基本类型

不同类型的动画，可能会使用多种不同的帧，图 5-3 所示为"时间轴"面板中各种类型的帧以及相关标记。

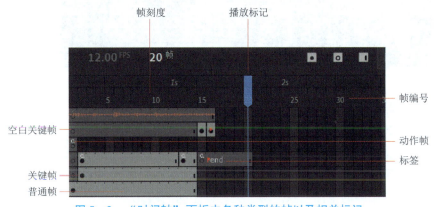

图 5-3 "时间轴"面板中各种类型的帧以及相关标记

▶ 帧刻度：每一个刻度都代表一帧。

▶ 播放标记：该标记有一条蓝色的指示线，主要有两个作用：一是浏览动画，当播放场景中的动画或拖曳该标记时，场景中的内容会随着标记位置发生变化；二是选择指定的帧，场景中显示的内容为该播放标记停留的位置。

▶ 帧编号：用于提示当前的帧数，每 5 帧显示一个编号。

▶ 关键帧：关键帧是指在动画播放过程中，定义了动画关键变化环节的帧。Animate 中的关键帧以实心的小黑圆点表示。

▶ 空白关键帧：空白关键帧指没有任何对象存在的关键帧，主要用于在关键帧与关键帧之间形成间隔。空白关键帧在时间轴中以空心的小圆表示，若在空白关键帧中添加内容，则会变为关键帧。

▶ 动作帧：关键帧或空白关键帧中添加了脚本语句的帧即为动作帧，通常这些帧中的语句用于控制 Animate 动画的播放和交互。

▶ 标签：选择帧后，在"属性"面板中可设置帧的名字和帧的标签类型。帧的标签类型分为名字、注释和锚记。

▶ 普通帧：普通帧就是不起关键作用的帧。它在时间轴中以灰色方块显示，起着过滤和延长内容显示的作用。

（二）帧的编辑

因为用户在时间轴中放置帧的顺序将决定帧内对象在最终内容中的显示顺序，所以帧的编辑在很大程度上影响动画的最终效果。下面详细介绍编辑帧的常用方法。

1. 选择帧

在编辑帧前，用户需要选择帧，如图 5-4 所示的蓝色区域为选中的帧。为了方便编辑，

Animate 提供了多种选择帧的方法。

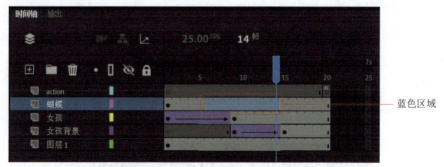

图 5-4 选择帧

➥ **选择单个帧**：使用鼠标单击该帧。

➥ **选择多个连续的帧**：选择一个帧后，在按住"Shift"键的同时，单击其他帧，或者按住鼠标左键不放并拖曳鼠标进行选择。

➥ **选择多个不连续的帧**：按住"Ctrl"键，依次单击选择其他帧。

➥ **选择整个静态帧的范围**：双击两个关键帧之间的帧。

➥ **选择某一图层上所有的帧**：单击该图层名称。

➥ **选择所有帧**：选择"编辑"→"时间轴"→"选择所有帧"菜单命令。

### 2. 插入帧

为了动画效果的需要，用户还可以自行选择插入不同类型的帧，下面讲解插入帧常见的方法。

➥ **插入新帧**：可选择"插入"→"时间轴"→"帧"菜单命令或按"F5"键。

➥ **插入关键帧**：可选择"插入"→"时间轴"→"关键帧"菜单命令或按"F6"键。

➥ **插入空白关键帧**：可选择"插入"→"时间轴"→"空白关键帧"菜单命令或按"F7"键。

### 3. 复制、粘贴帧

在制作动画时，根据实际情况有时需要复制帧、粘贴帧。如果只需要复制一帧，则可按住"Alt"键的同时，将该帧移动到需要复制的位置；若要复制多帧，则可在选择多帧后，右击，在弹出的快捷菜单中选择"复制帧"命令，选择需要粘贴的位置后，右击，在弹出的快捷菜单中选择"粘贴帧"命令，如图 5-5 所示。

图 5-5 复制和粘贴帧

教你一招

选择要复制的帧后,可以通过"编辑"→"时间轴"→"复制帧"命令复制帧,选择需要粘贴的位置后,通过"编辑"→"时间轴"→"粘贴帧"命令粘贴帧。

4. 删除帧

对于不用的帧,可以将其删除。其操作方法为:选择需要删除的帧,右击,在弹出的快捷菜单中选择"删除帧"命令,如图 5-6 所示。按"Shift+F5"组合键也可删除帧。

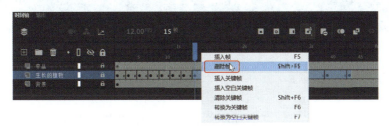

图 5-6 删除帧

教你一招

若不想删除帧,只想删除帧中的内容,则可通过"清除帧"来实现。其操作方法为:选择需清除的帧,右击,在弹出的快捷菜单中选择"清除帧"命令。

5. 移动帧

在编辑动画时,可能会遇到因为帧顺序不对而需要移动的情况。其操作方法为:选择关键帧或含关键帧的序列,然后将其拖曳到目标位置节点,如图 5-7 所示。

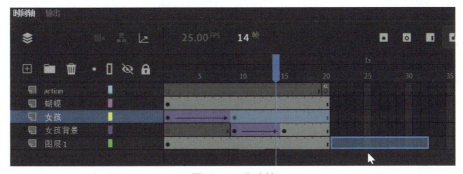

图 5-7 移动帧

6. 转换帧

在 Animate 中,用户还可以将帧转换为不同的类型,而不需要删除帧之后新建。其操作方法为:在需要转换的帧上右击,在弹出的快捷菜单中选择"转换为关键帧"或"转换为空白关键帧"命令。

另外,若想将关键帧、空白关键帧转换为帧,则可选择需要转换的帧,右击,在弹出的快捷菜单中选择"转换为关键帧"命令，如图5-8所示。

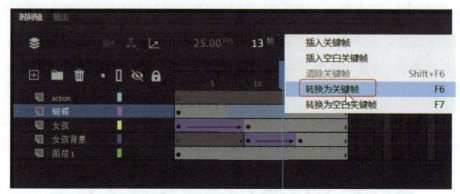

图5-8 转换帧

7. 翻转帧

通过翻转帧操作，可以翻转所选帧的顺序，如将开头帧调整到结尾、将结尾帧调整到开头。其操作方法为：选择含关键帧的帧序列，右击，在弹出的快捷菜单中选择"翻转帧"命令，将该序列的帧顺序颠倒，如图5-9所示。

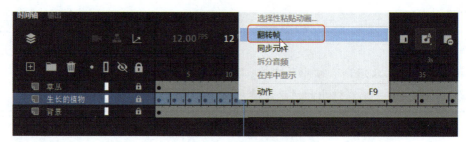

图5-9 翻转帧

## 三、图层的使用

Animate中的图层有助于在文档中组织各个元素，便于编辑动画。当一个Animate文档中出现多个图层时，上面图层的内容会置于下面图层内容的上方，因此，可以把图层看作堆叠在彼此上面的多个透明玻璃，每个玻璃包含不同的内容，可以在一个图层上绘制、编辑一个对象，而完全不会影响到其他图层中的内容。

（一）图层的类型

Animate中的图层有多种类型，如普通图层、遮罩图层、引导层等，不同的图层在"时间轴"面板中的样式也有所不同，如图5-10所示。

Animate中常见的6种图层的作用如下。

↳ **运动引导层**：用于绘制运动轨迹，在该图层中绘制的对象将作为被引导层中对象的运动轨迹。

↳ **被引导层**：该图层中对象的运动轨迹将会被引导层中创建的运动轨迹映像。

↳ **普通引导层**：普通引导层在绘制图形时起到辅助作用，用于帮助对象定位，所起作用与运动引导层类似。如果将其他图层移动到该图层下面，则移动的图层会变为被引导层，该图层变为运动引导层。

　　↳ **遮罩层**：遮罩层主要用于设定部分显示，创建遮罩层后，浏览动画效果时，被遮罩图层中的对象遮盖的部分将显示出来。

　　↳ **被遮罩层**：将普通图层转化为遮罩层后，该图层下方的图层将自动变为被遮罩层。被遮罩层中的对象只有同遮罩层中的对象重合时才会显示出来。

　　↳ **普通图层**：普通图层就是无任何特殊效果的图层，它只用于放置对象，也是直接新建图层所得到的图层样式。

图 5－10　图层的类型

### （二）图层的基本操作

图层的基本操作主要包括新建图层、选择图层、移动图层、重命名图层、查看图层等，这些操作是制作 Animate 动画至关重要的步骤。

#### 1. 新建图层

新建的 Animate 文档会自动创建一个名为"图层_1"的空白图层，若需要更多的图层，则可以直接新建图层。新建图层的方法如下。

　　↳ **直接创建**：单击"新建图层"按钮 ，新建的图层将自动命名为"图层_序号"的形式，如"图层_2""图层_3"等。

　　↳ **快捷方式创建**：将鼠标指针移动到需要创建图层的上方，右击，在弹出的快捷菜单中选择"插入图层"命令，即可插入新的图层。

　　↳ **菜单创建**：在菜单栏中选择"插入"→"时间轴"→"图层"命令，即可新建一个图层。

#### 2. 选择图层

一个完整的动画一般由多个图层构成，对这些动画进行编辑操作时，尤其需要注意图层的选择。在 Animate 中选择图层的方式有 3 种。

　　↳ **选择单个图层**：在"时间轴"面板中直接单击图层。

　　↳ **选择连续的图层**：按住"Shift"键的同时，单击任意两个图层，可选择两个图层之间的所有图层，如图 5－11 所示。

↳ **选择不连续的图层**：按住"Ctrl"键的同时，单击鼠标可选择多个不相邻的图层，如图 5 – 12 所示。

图 5 – 11　选择连续的图层

图 5 – 12　选择不连续的图层

### 3. 重命名图层

默认情况下，在 Animate 中新建的图层将会以"图层_ 序号"的形式自动命名，在图层较少时，影响不大，但是如果图层过多，则需要对图层进行重命名，以便在制作 Animate 动画过程中能清楚了解每个图层所包含的内容。

重命名图层的方法为：双击图层名称，当图层名称呈蓝色显示时输入新名称。也可在需要重命名的图层上单击鼠标右键，在弹出的快捷菜单中选择"属性"命令，在"图层属性"对话框中，在"名称"右侧的文本框里输入新的图层名称，如图 5 – 13 所示。

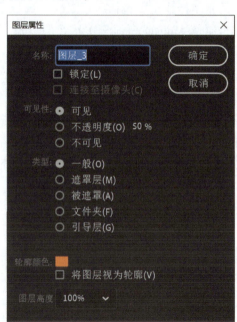

图 5 – 13　重命名图层

#### 4. 移动图层

移动图层是为了调整图层的顺序。其操作方法为：单击并拖曳需要调整顺序的图层，拖曳时会出现一条线，将其拖曳到目标位置后，释放鼠标左键即可完成图层的移动操作，如图 5-14 所示。

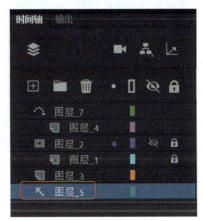

图 5-14 移动图层

#### 5. 复制粘贴图层

如果需要复制图层中的所有内容，可以直接复制图层，将该图层的内容粘贴到对象图层上。其操作方法为：在需要复制的图层上单击鼠标右键，在弹出的快捷菜单中选择"拷贝图层"命令，然后在需要粘贴图层的位置单击鼠标右键，在弹出的快捷菜单中选择"粘贴图层"命令，即可将复制的图层粘贴到选择的图层上方。

#### 6. 删除图层

在制作动画中，如果发现某个图层在动画中没有作用，就可以将该图层删除。其操作方法为：选择需要删除的图层，单击图层区域中的"删除"按钮 🗑。也可在需要删除图层上单击鼠标右键，在弹出的快捷菜单中选择"删除图层"命令。

#### 7. 新建文件夹

单击"时间轴"面板中的"新建文件夹"按钮 📁，新文件夹将出现在所选图层或文件夹的上方，如图 5-15 所示。

图 5-15 新建文件夹

### 8. 将图层放入文件夹中

选择需要移动到文件夹的图层，将其拖曳到文件夹图标的上方，释放鼠标左键，即可将文件放入文件夹中，如图5-16所示。

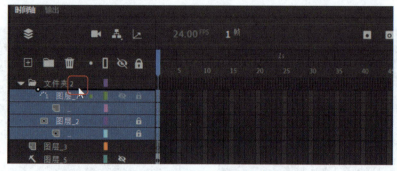

图5-16 将图层放入文件夹中

### 9. 展开和折叠文件夹

要查看文件夹包含的图层而不影响在舞台中可见的图层，需要展开和折叠该文件夹。要展开或折叠文件夹，可以单击该文件夹左侧的 ▶ 按钮或 ▼ 按钮，如图5-17所示。

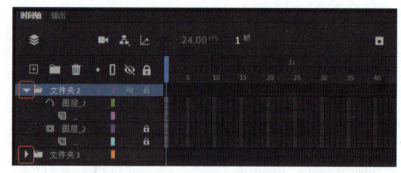

图5-17 展开和折叠文件夹

### 10. 将图层移出文件夹

展开文件夹后，在其下方选择需要移出的图层，将其拖曳到文件夹的外侧，如图5-18所示。

图5-18 将图层移出文件夹

## (三) 设置图层的显示状态

不管什么类型的图层，在图层后方都包括 4 个图标，分别是"突出显示图层""显示图层轮廓""显示和隐藏图层""锁定和解锁图层"，这些图标代表了图层不同的显示状态。

### 1. 突出显示图层

突出显示图层是为了便于区分图层内容，将按照不同的颜色对图层进行显示。通过这种更突出显示图层的方式，可以在图层较多时快速分辨不同的图层内容，其操作方法为：单击图层区中的"突出显示图层"按钮 ●，将突出显示所有图层，如图 5-19 所示。

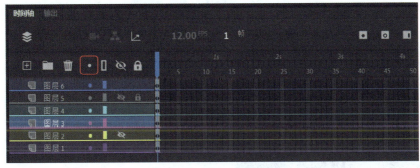

图 5-19 突出显示所有图层

如果需要突出显示单个图层，则在选择了该图层后，单击图层后面的 ● 图标即可，如图 5-20 所示。

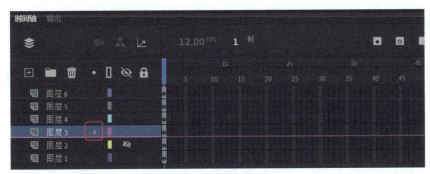

图 5-20 突出显示单个图层

### 2. 显示图层轮廓

显示图层轮廓是将场景中的对象以轮廓线的形式显示。通过这种形式，可以在场景中元素较多的时候快速分辨不同的元素。其操作方法为：单击图层区中的"将所有图层显示为轮廓"图标 ▢，将显示所有图层的轮廓，如图 5-21 所示。

如果需要显示单个图层轮廓，则单击该图层后面的 ▢ 图标即可，如图 5-22 所示。

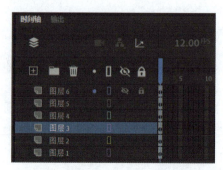 

图 5-21 显示所有图层的轮廓

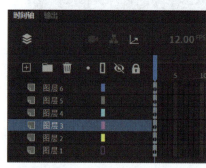 

图 5-22 显示单个图层的轮廓

### 3. 显示和隐藏图层

显示和隐藏图层是最常用的图层状态之一，尤其是在制作包含多个图层的 Animate 动画时，就需要隐藏部分图层，以便编辑不同图层中的各个元素。其操作方法为：单击图层区中的"显示或隐藏所有图层"图标 ，此时所有图层后面将会出现 图标，表示图层区中所有图层都被隐藏，如图 5-23 所示。再次单击"显示或隐藏所有图层"图标 ，所有图层后面的 图标都会消失，表示图层区中原先所有被隐藏的图层都被显示。

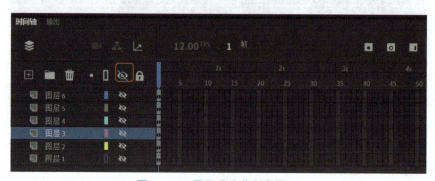

图 5-23 显示或隐藏所有图层

如果需要显示或隐藏单个图层中的内容，则单击该图层后面的 图标即可，如图 5-24 所示。

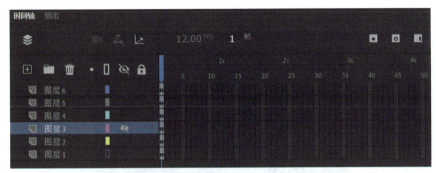

图 5-24　显示或隐藏单个图层

4. 锁定和解锁图层

锁定和解锁图层与显示和隐藏图层的操作类似，单击图层区中的"锁定或解锁所有图层"图标 🔒，将锁定或解锁所有图层，如图 5-25 所示。

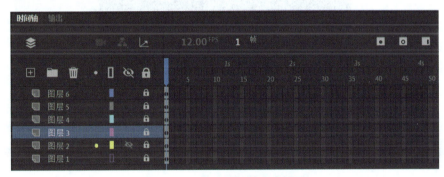

图 5-25　锁定或解锁所有图层

如果需要锁定或解锁单个图层，则单击图层后的图标，所选图层将被锁定或解锁，如图 5-26 所示。需要注意，锁定图层后，将不能编辑该图层中的内容，但依然可以对图层本身进行移动、删除和重命名等操作。

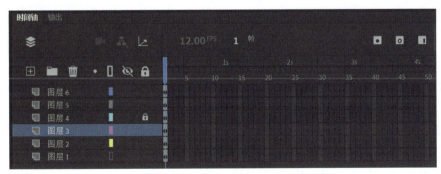

图 5-26　锁定或解锁单个图层

（四）修改图层属性

图层的相关属性状态除了可以直接在图层区进行操作外，还可以在"图层属性"对话框中进行设置，如图 5-27 所示。

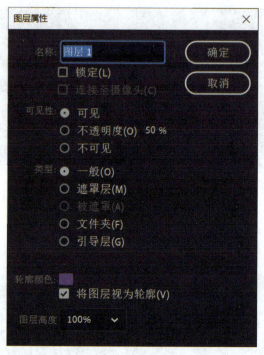

图5-27 "图层属性"对话框

打开"图层属性"对话框的方法有以下3种。

➤ **快捷菜单命令**：在需要修改属性的图层上右击，在弹出的快捷菜单中选择"属性"命令。

➤ **菜单命令**：选择图层后，选择"修改"→"时间轴"→"图层属性"命令。

➤ **直接打开命令**：双击图层中的"显示为轮廓"图标，可以打开"图层属性"对话框。

在"图层属性"对话框中可设置图层的所有属性，其中各项的含义如下。

➤ **名称**：直接在该文本框中输入名称，即可修改图层的名称。

➤ **"锁定"复选框**：取消勾选该复选框，表示图层为可编辑状态；勾选该复选框，表示图层为锁定状态。

➤ **可见性**：选中"可见"单选项，表示该图层为显示状态；选中"不透明度50%"单选项，可设置选中图层的不透明度为"50%"；选中"不可见"单选项，则为隐藏该图层。

➤ **类型**：选中该栏的单选项可以将图层修改为相应的类型。

➤ **轮廓颜色**：用于设置图层的轮廓颜色，单击后面的色块，可在弹出的"取色器"中选择轮廓颜色；勾选"将图层视为轮廓"复选框，可以将图层的内容以轮廓的形式显示在场景中，并且轮廓的颜色应用的是"取色器"中的素材。

➤ **图层高度**：用于设置图层的高度，包括"300%""200%"和"100%"3种高度。

## 任务实施

"谷雨"属于二十四节气之一，是中国的传统文化。为了宣传我国传统节日，让更多用户了解该节气，某 APP 决定制作谷雨动态海报。要求尺寸为 1 080 像素×1 920 像素，在制作时，通过加入下雨动画、树叶飘动动画和燕子飞舞动画等，使整个海报更具动态，效果更加丰富。

（1）启动 Animate CC 2022，选择"文件"→"新建"菜单命令，打开"新建文档"对话框，在右侧的"详细信息"栏中设置"宽度"和"高度"分别为"1 080"和"1 920"，单击  按钮。

（2）选择"文件"→"导入"→"导入到舞台"，在打开的"导入"对话框中选择"背景.png"素材文件，将其与舞台对齐，并将"图层_1"重命名为"背景"，如图 5-28 所示。

图 5-28　添加背景

（3）在"时间轴"面板单击"新建图层"按钮 ，将新建的"图层_2"重命名为"多个竹叶"。

（4）选择"文件"→"导入"→"导入到舞台"，在打开的"导入"对话框中选择"竹叶.png"素材文件，将其与舞台对齐，如图 5-29 所示。

（5）依次选择"背景"图层和"多个竹叶"图层，"锁定和解锁图层"图标 ，将两个图层锁定。

（6）按"Ctrl + F8"组合键，在打开的新建元件对话框中，设置"名称"为"竹叶"，在"类型"下拉列表栏中选择"图形"，单击 按钮，创建图形元件。

（7）在工具箱中选择"画笔工具" ，在"属性"中设置"画笔模式"为"平滑模式"，"笔触大小"为"36"，"宽"为"宽度配置文件1"，"颜色"为"径向渐变"。

（8）在"颜色"面板中，设置第一个颜色滑块值为"#65C2B5"，第二个颜色滑块值为"#FFFFCC"，在图形元件舞台中，绘制一个竹叶，如图 5-30 所示。

图 5-29 添加多个竹叶

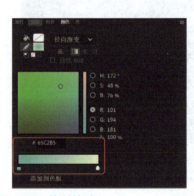

图 5-30 绘制竹叶

（9）单击 ← 按钮返回场景，在"时间轴"面板中单击"新建图层"按钮，并将其重命名为"竹叶动画"，从库中将"竹叶"图形元件拖曳到舞台的左上角，利用"任意变形工具"适当调整和旋转元件的大小，如图 5-31 所示。

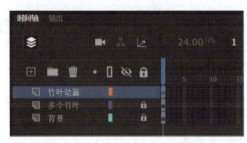

图 5-31 添加竹叶

（10）选中"竹叶"图形元件，按"F8"键，在打开的"转换为元件"对话框中，设置"名称"为"竹叶飞舞"，在"类型"下拉列表栏中选择"影片剪辑"，单击 确定 按钮,创建影片剪辑元件。

(11)在"竹叶飞舞"影片剪辑元件的时间轴中,在帧85处按下"F6"关键帧,将"竹叶"图形元件拖曳至舞台右下方,如图5-32所示。

图5-32 插入关键帧

(12)在帧1处,单击鼠标右键,选择"创建传统补间"命令,在"属性面板"中,在"旋转"下拉列表栏中选择"逆时针",如图5-33所示,实现竹叶下落的效果。

图5-33 创建传统补间动画

(13)为了使竹叶下落有纷纷落下的效果,选择"图层_1",右击,在弹出的快捷方式中选择"拷贝图层",再用同样的方法在弹出的快捷方式中选择"粘贴图层",将内容复制到新的图层中。

(14)选择复制图层的所有帧,按住鼠标左键不放向右拖曳到帧15处,适当调整两个关键帧中"竹叶"图形元件的位置和旋转方向,完成第2个落叶效果的制作,如图5-34所示。

图5-34 第2个落叶制作

(15)通过同样的方法复制和粘贴图层,并适当调整各个图层中树叶的位置和方向,完成竹叶纷纷飘落飞舞的效果,如图5-35所示。

(16)单击 按钮返回场景,在"时间轴"面板中单击"新建图层"按钮 ,并将其重命名为"雨水动画"。

(17)在"工具箱"中选择"画笔工具" ,在"属性"中设置"画笔模式"为"平滑模式","笔触大小"为"13","宽"为"宽度配置文件1","颜色"为"#FFFFFF","透明度"为"70",如图5-36所示。

(18)在舞台的上方绘制雨滴,效果如图5-37所示。

图 5-35 竹叶飞舞效果

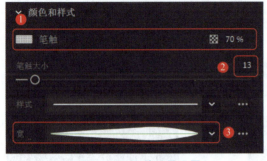

图 5-36 画笔工具设置

图 5-37 绘制雨滴

（19）选中绘制的雨滴对象，按"F8"键，在打开的"转换为元件"对话框中，设置"名称"为"雨滴"，在"类型"下拉列表栏中选择"图形"，单击 <kbd>确定</kbd> 按钮，创建图形元件。

（20）选中"雨滴"图形元件，再次按"F8"键，在打开的"转换为元件"对话框中，设置"名称"为"雨滴滴落"，在"类型"下拉列表栏中选择"影片剪辑"，单击 <kbd>确定</kbd> 按钮，创建影片元件。

（21）双击进入"雨滴滴落"影片剪辑元件内部，在帧 30 处按下"F6"键，插入关键帧，拖曳帧 30 处的雨滴向左下方移动，确定雨滴落下的位置。在帧 1 处右击，在弹出的快捷菜单中选择"创建传统补间"命令，完成雨滴滴落的效果，如图 5-38 所示。

图 5-38 雨滴滴落效果

（22）在帧 31 处，按"F7"键插入空白关键帧。

（23）选择"椭圆工具" ⬭ ，在"属性"面板中，设置"填充"为 ■，"笔触"为"#FFFFFF"，"笔触"大小为"9"，"透明"为"70%"，"宽"为"宽度配置文件 6"，如图 5-39 所示。

(24) 在"雨滴"图形元件的位置,绘制雨滴滴落到水中形成的水圈,如图 5-40 所示。按"F8"键,在弹出的"转换为元件"对话框中,设置"名称"为"水圈",类型为"图形",使其成为图形元件。

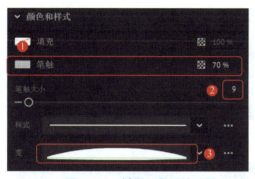

图 5-39 椭圆工具属性设置

图 5-40 绘制水圈

(25) 在帧 45 处按"F6"键,插入关键帧,利用任意变形工具适当放大,并在"色彩效果"中,设置"Alpha"为"0%",如图 5-41 所示。在帧 30 处右击,在弹出的快捷菜单中选择"创建传统补间动画"命令,完成雨滴滴落后水圈逐渐变大消失的效果,如图 5-42 所示。

图 5-41 Alpha 的设置

图 5-42 传统补间动画

(26) 为了达到雨滴纷纷落下的效果,选中"图层_1",右击,在弹出的快捷菜单中选择"拷贝图层",再粘贴图层,制作第 2 个雨滴滴落的效果。

(27) 在复制的图层中,选择所有帧,适当向后移动,如图 5-43 所示,使得雨滴滴落的时间前后错落,并在舞台中调整各个关键帧中雨滴和水圈的位置,完成第 2 个雨滴滴落的效果,如图 5-44 所示。

图 5-43 移动帧

图 5-44 两个雨滴效果

(28) 利用同样的方法,依次制作其他雨滴滴落的效果,如图 5-45 所示。

(29) 按"Ctrl + F8"组合键,在打开的"创建新元件"对话框中,设置"名称"为"燕子飞舞",在"类型"下拉列表栏中选择"影片剪辑",创建一个影片剪辑元件。

(30)进入"燕子飞舞"影片剪辑元件,选择"文件"→"导入"→"导入到舞台",在打开的"导入"对话框中,选择"燕子.gif",将动态图片的每一帧导入到影片剪辑元件中,如图5-46所示。

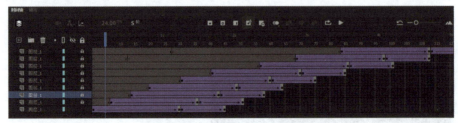

图 5-45 雨滴滴落图层效果

图 5-46 导入燕子素材

(31)单击 按钮返回场景,在"时间轴"面板中单击"新建图层"按钮 ,并将其重命名为"燕子飞舞",从"库"面板中将"燕子飞舞"影片剪辑元件放置在舞台上方,并利用"任意变形工具" 适当调整其大小,如图5-47所示。

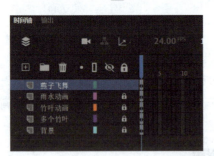 

图 5-47 燕子飞舞图层

(32)在"时间轴"面板中单击"新建图层"按钮 ,并将其重命名为"文字",选择"文件"→"导入"→"导入到舞台",在打开的"导入"对话框中,选择"文字.png",将其位置同舞台对齐,如图5-48所示。

(33)按"Ctrl+Enter"组合键播放谷雨动态宣传海报效果,完成后按"Ctrl+S"组合键保存文件,完成本例的制作。

项目五 制作基础动画

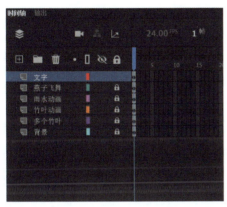

图5-48 文字图层

## 任务二 制作时尚戒指广告

在 Animate 中提供了多种创建动画和特殊效果的方法，包括逐帧动画、补间形状动画、传统补间动画和补间动画等，通过加入动画的变化效果可以丰富表现形式，吸引用户兴趣。本任务就是通过在制作时尚戒指广告时加入基础动画，使得广告的表现更加生动，以达到宣传的目的。

### 任务目标

练习通过传统补间动画、补间形状动画等来实现时尚戒指广告中图像和文本的变化效果。通过本任务的练习，用户可以掌握逐帧动画、补间形状动画、传统补间动画和补间动画的操作方法，本任务完成后的效果如图5-49所示。

图5-49 时尚戒指广告动画效果

159

 **相关知识**

制作木任务的动画需要利用部分 Animate 基础动画类型,Animate 的基础动画包括逐帧动画、形状补间动画、传统补间动画和补间动画等。下面介绍这些知识。

**一、逐帧动画**

逐帧动画是在时间轴的每一帧上都创建不同内容并使之连续播放形成动画的一种常见形式。创建逐帧动画的方法主要有以下 4 种。

➥ **逐帧制作**:直接插入多个关键帧,然后在每个关键帧中绘制或导入不同的内容即可。

➥ **转换为逐帧动画**:将其他动画类型转换为逐帧动画。其操作方法为:在"时间轴"面板中选择要转换为逐帧动画的帧,然后单击鼠标右键,在弹出的快捷菜单中选择"转换为逐帧动画"命令,即可将选择的帧转换为逐帧动画。

➥ **导入 GIF 动画文件**:导入 GIF 动画文件时,会自动将 GIF 动画文件中的帧转换为时间轴中的关键帧,从而形成逐帧动画,如图 5-50 所示。

图 5-50 导入 GIF 动画

➥ **导入图片序列**:图片序列是指一组文件名有连续编号的图片文件(如 1. png、2. png、3. png、…),在导入其中的一张图片时,会打开图 5-51 所示的提示对话框,单击 按钮,即可导入该图片及其后面编号的所有图片,并按照编号顺序依次添加到各个关键帧中,从而形成逐帧动画。

项目五　制作基础动画

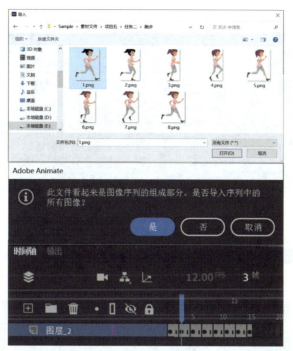

图 5-51　导入图片序列

## 二、补间形状动画

补间形状动画是指对象从一个形状随着时间轴的改变变成另一个形状的动画。在 Animate 中制作补间形状动画较为简单，只需在两个关键帧中绘制不同的图形，然后在两个关键帧之间单击鼠标右键，在弹出的快捷菜单中选择"创建补间形状"命令，即可完成补间形状动画的制作，如图 5-52 所示。

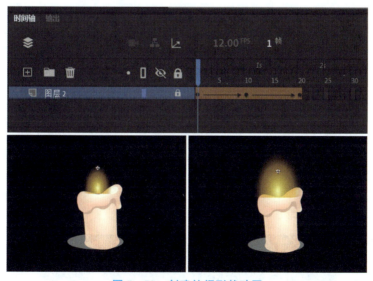

图 5-52　创建补间形状动画

161

在补间形状动画的"属性"面板中可以为补间形状动画添加缓动,如图 5-53 所示。

图 5-53 补间形状动画"属性"面板

➤ **缓动**:用于设置缓动类型,包括"属性(一起)"和"属性(单独)"两种。

➤ **效果**:单击 Classic Ease 按钮,打开图 5-54 所示的面板,在其中可以选择不同的缓动效果,还可以查看该缓动的曲线图。

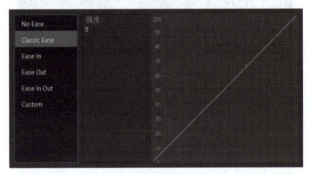

图 5-54 缓动效果设置面板

➤ **编辑缓动**:单击"编辑缓动"按钮 ,打开"自定义缓动"面板,如图 5-55 所示,在其中可以编辑缓动效果,向上拖曳滑块可提高缓动速度,向下拖曳滑块可降低缓动速度。

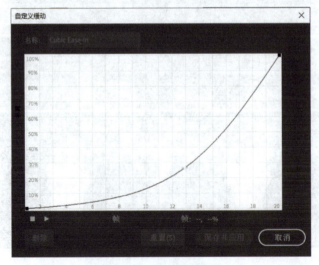

图 5-55 自定义缓动

⬇ **缓动强度**：当缓动强度值大于0时，表示动画开始时速度快，结束时速度慢；当缓动强度值小于0时，表示动画开始时速度慢，结束时速度快。

⬇ **混合**：选择"分布式"选项，动画中间形状的过渡比较平滑和不规则；选择"角形"，动画中间形状的过渡会保存有明显的角和直线，适用于具有锐化转角和直线的形状变化。

### 三、传统补间动画

传统补间动画是制作 Animate 动画过程中使用较为频繁的一种动画类型。创建传统补间动画的操作方法为：在动画的开始关键帧和结束关键帧处放入同一个元件对象，在两个关键帧之间单击鼠标右键，在弹出的快捷菜单中选择"创建传统补间动画"命令，然后调整两个关键帧中对象的位置、大小、旋转方向等属性，即可完成传统补间动画的制作，如图5-56所示。

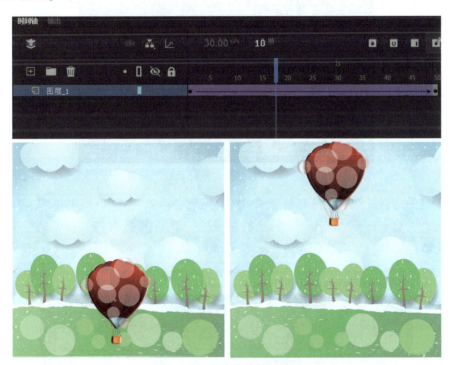

图5-56　创建传统补间动画

在"时间轴"面板中选择创建了传统补间动画的帧后，"属性"面板如图5-57所示，可以为传统补间动画添加缓动、旋转等效果。

⬇ **"旋转"下拉列表框**：选择"无"选项，表示对象不旋转；选择"自动"选项，表示对象以最小的角度旋转，直到终点位置；选择"顺时针"选项，表示设定对象沿顺时针方向旋转到终点位置，在其后的文本框中可输入旋转次数；选择"逆时针"选项，表示设定对象沿逆时针方向旋转到终点位置，在其后的文本框中可输入旋转次数。

⬇ **"贴紧"复选框**：勾选该复选框，可使对象沿路径运动时，自动捕捉路径。

⬇ **"调整到路径"复选框**：勾选该复选框，可使对象沿设定的路径运动，并随着路径的改变相应地改变角度。

➥ "沿路径着色"复选框：勾选该复选框，可使对象沿设定的路径着色，并随着路径的改变相应地改变颜色。

➥ "沿路径缩放"复选框：勾选该复选框，可使对象沿设定的路径缩放，并随着路径的改变相应地改变对象大小。

➥ "同步元件"复选框：勾选该复选框，如果对象是一个包含动画效果的图形组件实例，其动画和主时间轴同步。

➥ "缩放"复选框：勾选该复选框，可使对象在运动时按比例缩放。

图 5-57　传统补间动画"属性"面板

需要注意的是，只能对元件对象添加传统补间动画，如果开始关键帧和结束关键帧中的对象不是元件，则会打开如图 5-58 所示的对话框，单击 确定 按钮，会将两个关键帧中的内容转换为图形元件，然后再创建传统补间动画。

图 5-58　提示将内容转换为元件

## 四、补间动画

补间动画一般应用于物体运动行为复杂，非单纯直线运动的动画。其创建方法为：在动画的开始关键帧中放入一个文本或影片剪辑元件，在帧上单击鼠标右键，在弹出的快捷菜单中选择"创建补间动画"命令，创建补间动画，然后在动画中插入多个关键帧，并调整关键帧中对象的位置、大小和旋转方向等属性，如图5-59所示。

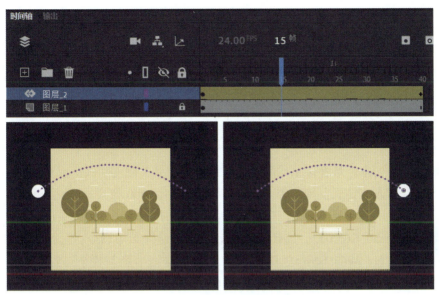

图5-59 创建补间动画

在补间动画的"属性"面板中可以为补间动画添加缓动、旋转等效果，如图5-60所示。

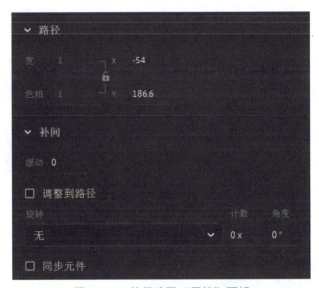

图5-60 补间动画"属性"面板

▶ 缓动：用于设定动作补间动画从开始到结束时的运动速度，取值范围为-100~100。当值大于0时，表示动画开始时速度快，结束时速度慢；当值小于0时，表示动画开始时速度慢，结束时速度快。

▶ "调整到路径"复选框：勾选该复选框，可使对象沿设定的路径运动，并随着路径的改变相应地改变角度。

▶ **旋转**：用于设置对象在运动过程中的旋转样式和次数。选择"无"选项，表示对象不旋转；选择"顺时针"选项，表示设定对象沿顺时针方向旋转到终点位置，在其后的文本框中可输入旋转次数和角度；选择"逆时针"选项，表示设定对象沿逆时针方向旋转到终点位置，在其后的文本框中可输入旋转次数和角度。

▶ **"同步元件"复选框**：勾选该复选框，如果对象是一个包含动画效果的图形组件实例，其动画和主时间轴同步。

## 任务实施

随着情人节的到来，某奢侈钻戒品牌为了提高其产品关注度和销售成交量，决定在各大电商网站上发送情人节钻戒宣传广告。该广告要求大小为 600 像素×250 像素，在设计上要将产品内容、主题信息展现出来，以吸引更多用户进入其网店浏览和购买产品。

（1）启动 Animate CC 2022，选择"文件"→"新建"菜单命令，打开"新建文档"对话框，"平台"选择"ActionScript 3.0"，在右侧的"详细信息"栏中设置"宽度"和"高度"分别为"600"和"250"，单击 创建 按钮。

（2）在"属性"面板中设置舞台"背景颜色"为"#FF6600"。

（3）选择"文件"→"导入"→"打开外部库"，在弹出的打开面板中选择"素材.fla"，单击 打开(O) 按钮，打开素材文件中的库面板，如图 5-61 所示。

图 5-61 打开外部库

（4）从"外部库"中拖曳"01.png"素材文件至舞台，将其对齐于舞台中央，并将"图层_1"设置为"底图"，如图 5-62 所示。

图 5-62 底图图层

（5）在"时间轴"面板单击"新建图层"按钮 ，将新建的"图层_2"重命名为"标志"。从"外部库"中拖曳"02.png"至舞台的左上角，如图 5-63 所示。

图 5-63　标志图层

（6）在"时间轴"面板上单击"新建图层"按钮，将新建的"图层_3"重命名为"飘带"。选择"钢笔工具"，在"属性"面板中设置"笔触颜色"为"白色"，"大小"为 1，绘制飘带形状，如图 5-64 所示。

图 5-64　绘制飘带形状

（7）选择"颜料桶工具"，在"属性"面板中设置"填充"为"#FFFFFF"，"透明"为"30%"，为飘带形状填充色彩；选中飘带对象，在"属性"面板中，将"笔触"设置为，去除飘带对象边框，如图 5-65 所示。

图 5-65　为飘带填充透明色彩

（8）选中飘带对象，按"F8"键，在打开的"转换为元件"对话框中，设置"名称"为"飘带动"，在"类型"下拉列表栏中选择"影片剪辑"，如图 5-66 所示。

（9）在舞台双击"飘带动"影片剪辑元件进入元件内部，在帧 20、帧 50 处按"F6"键插入关键帧，选择"部分选择工具"，对帧 20 处的飘带对象形状进行修改，如图 5-67 所示。

（10）依次选择帧 1、帧 20 和帧 50 间的帧，单击鼠标右键，在弹出的快捷菜单中选择"创建补间形状"，完成飘带的补间形状动画的制作，如图 5-68 所示。

图 5-66 转换为影片剪辑元件

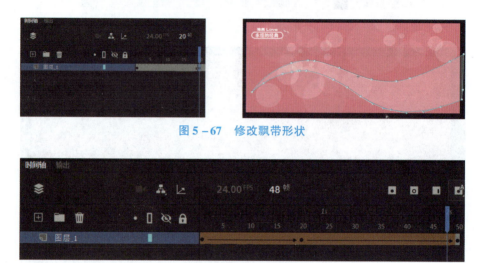

图 5-67 修改飘带形状

图 5-68 补间形状动画创建

（11）在"时间轴"面板单击"新建图层"按钮 ，在新建的"图层_2"图层中，按照之前制作飘带形状补间动画的方式，再制作一个飘带的补间形状动画，适当更改其形状、大小，完成"飘带动"影片剪辑元件的制作，如图 5-69 所示。

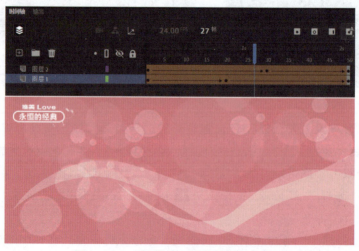

图 5-69 "飘带动"影片剪辑元件内容

(12)单击 ← 按钮返回场景,在"时间轴"面板上单击"新建图层"按钮,将新建的图层重命名为"戒指",从"外部库"面板中拖曳"03.png"至舞台的左侧,如图5-70所示。

图5-70 戒指图层

(13)在"时间轴"面板上单击"新建图层"按钮,将新建的图层重命名为"气泡",从"外部库"面板中拖曳3个"04.png"至舞台的上方,利用"任意变形工具"适当调整大小,如图5-71所示。

图5-71 气泡图层

(14)在"时间轴"面板上单击"新建图层"按钮,将新建的图层重命名为"高光",选择"钢笔工具",设置"笔触颜色"为"#FFFF00","大小"为1,绘制戒指的高光部分形状,如图5-72所示。

图5-72 绘制高光部分形状

(15)选择"颜料桶工具",设置"填充"为"线性渐变",在"颜色"面板中,设置第3个滑块颜色为"#FFFFFF",第1个和第3个滑块的Alpha都为"0%",为高光部分填充颜色,并去除笔触颜色,并利用"渐变变形工具"调整填充的大小和方向,如图5-73所示。

(16)使用"选择工具"选中绘制的高光对象,按"F8"键,在打开的"转换为元件"对话框中,设置"名称"为"高光动",选择"类型"下拉列表栏中的"影片剪辑"选项,将其创建为影片剪辑元件。

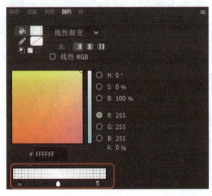
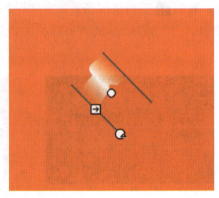

图 5-73 填充高光渐变色

(17) 双击进入"高光动"影片剪辑元件,进入元件内部,将"图层_1"重命名为"高光",在帧 50 处按"F6"键插入关键帧,利用"渐变变形工具" 调整帧 50 处高光对象中的渐变颜色位置,如图 5-74 所示。调整完毕后,选择两个关键帧中的任意帧,单击鼠标右键,在弹出的快捷菜单中选择"创建补间形变动画",如图 5-75 所示。

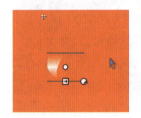

图 5-74 调整高光渐变色　　　　图 5-75 创建补间形变动画

(18) 在帧 51 处按"F7"键插入空白关键帧,在帧 60 处按"F5"键插入普通帧,延长动画时间,完成"高光动"影片剪辑元件的编辑,如图 5-76 所示。

图 5-76 "高光动"硬盘剪辑元件

(19) 单击 按钮返回场景,使用"选择工具" 选中"高光动"影片剪辑元件,按住"Alt"键拖曳鼠标左键向右移动复制一个元件,右击复制的元件,在弹出的快捷方式中选择"变形"→"水平翻转"命令,再使用"任意变形工具"适当调整其大小,将其和另一个戒指重合,完成第 2 个戒指的高光动画效果,如图 5-77 所示。

(20) 在"时间轴"面板上单击"新建图层"按钮 ,将新建的图层重命名为"星星",从"外部库"面板中拖曳"05. png"至舞台的上方,如图 5-78 所示。

(21) 使用"选择工具" 选中星星素材,按"F8"键,在打开的"转换为元件"对话框中,将其转换为名称为"星星"的图形元件。继续选择"星星"图形元件,再次按

"F8"键,将其转换为名称为"星星动"的影片剪辑元件。

图 5-77 高光图层

图 5-78 放置星星素材

(22)双击"星星动"影片剪辑元件,进入元件内部,在帧 15、帧 30 处按"F6"键插入关键帧。选择帧 15 的"星星"图形元件,在"色彩效果"栏中设置"Alpha"为"0",完成星星闪烁效果的制作,如图 5-79 所示。

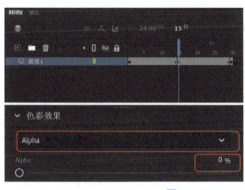
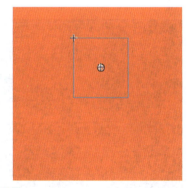

图 5-79 Alpha 的设置

(23)单击 ← 按钮返回场景,使用"选择工具" 选中"星星动"影片剪辑元件,按住"Alt"键不放,单击鼠标左键向右拖曳复制出一个新的"星星动"影片剪辑元件,使用"任意变形工具"适当更改元件大小,如图 5-80 所示。

图 5-80 复制"星星动"影片剪辑元件

(24)在"时间轴"面板上单击"新建图层"按钮,将新建的图层重命名为"文字"。

(25)按"Ctrl + F8"组合键,在打开的"创建新元件"对话框中,设置"名称"为"文字动",在"类型"下拉列表栏中选择"影片剪辑元件",新建一个影片剪辑元件。

(26)在"文字动"影片剪辑元件内部,将"图层_1"重命名为"文字2",选择"文本工具",在"属性"面板的"实例行为"栏中选择"静态文本"选项,设置"字体"为"时尚中黑简体","大小"为"36 pt",设置"填充"为"#FFFFFF",在舞台上方输入"时尚与尊贵"中文文字,如图5-81所示。

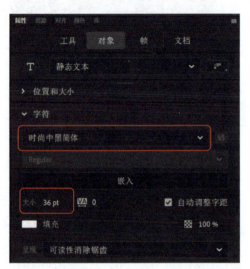 

图5-81 添加中文文字

(27)选择"文本工具",设置"字体"为"Edwardian Script ITC",在舞台上方输入"Fashion"英文文字,如图5-82所示。

图5-82 添加英文文字

(28)选中两个文字对象,按"F8"键,在打开的"转换为元件"对话框中,输入"名称"为"文字2",在"类型"下拉列表栏中选择"图形",将其变为图形元件。

(29)在帧 20、帧 55、帧 65 处按"F6"键插入关键帧,选择帧 1,使用"选择工具"将"文字 2"图形元件向上移动,在"属性"面板中设置"色彩效果"下的"Alpha"为"0%",如图 5-83 所示。

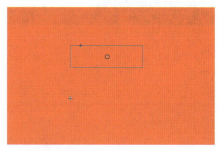

图 5-83　设置位置和透明度 Alpha

(30)选择帧 65,选中关键帧内的"文字 2"图形元件,在"属性"面板中设置"色彩效果"下的"Alpha"为"0%",如图 5-84 所示。

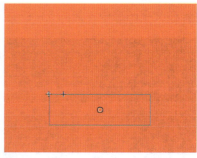

图 5-84　设置透明度 Alpha

(31)依次选择帧 1、帧 55,单击鼠标右键,在弹出的快捷菜单中选择"创建传统补间",实现文字 2 的动画效果,如图 5-85 所示。

图 5-85　文字 2 动画设置

(32)在"时间轴"面板单击"新建图层"按钮，将新建的图层重命名为"文字 1"。选择"文本工具"，通过同样的方法,创建"最美一瞬间"和"Beautiful"两个文本对象,并将其转变为"文字 1"图形元件。

(33)同制作文字 2 图形元件传统补间动画一样,在"文字 1"图层中完成"文字 1"图形元件的传统补间动画的制作,将其动画整体移动至帧 65 处开始,如图 5-86 所示,从而实现文字 2 动画完成后,文字 1 动画随即开始的效果。

图 5–86  文字 1 动画的设置

（34）单击 ← 按钮返回场景，从"库"面板中拖曳"文字动"影片剪辑元件至舞台，并将其放置在文字图层中，如图 5–87 所示。

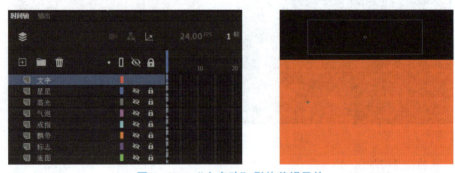

图 5–87  "文字动"影片剪辑元件

（35）按"Ctrl + Enter"组合键播放时尚戒指广告效果，完成后按"Ctrl + S"组合键保存文件，完成本例的制作。

## 巩固练习

### 1. 制作小松鼠动画

本练习将制作"小松鼠动画"逐帧动画，在制作时使用导入对象、创建传统补间动画、复制帧等方法，通过逐帧动画使动画画面更加细致，最终效果如图 5–88 所示。

### 2. 制作汉堡广告

本练习将制作"汉堡广告"运动补间动画，在制作动画的过程中，主要是对图片透明度、位置等进行设置，从而创建动作补间动画，让用户掌握为图片的大小、位置、透明度等状态创建动作补间动画的方法。动画制作完成后的效果如图 5–89 所示。

图 5-88 小松鼠动画效果

图 5-89 汉堡广告效果

## 技能提升

**1. 使用提示点调整补间动画**

为补间形状动画添加提示点，可以手动控制形状的变化。添加提示点的方法为：选择补间形状动画的开始帧，再选择"修改"→"形状"→"添加形状提示"命令添加一个提示点，将提示点移动到一个图形的位置上，然后选择补间形状动画的结束帧将提示点移动到要变化的图形的位置上。图 5-90 所示即使用提示点控制三角锥形变的立体效果。

**2. 使用动画预设添加动画**

为了使用户快速制作出动画效果，减少工作量，Animate 提供了一种较常见的动画预设。此外，使用动画预设也会使初学者制作出更优质的动画效果。

使用动画预设的方法为：选择"窗口"→"动画预设"命令，打开"动画预设"面板，其中列出了常用的动画效果，选择需要的动画效果，单击 应用 按钮即可，如图 5-91 所示。

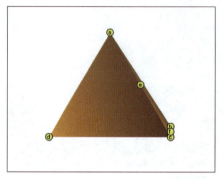
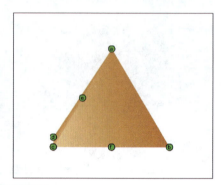

图 5-90　设置提示点

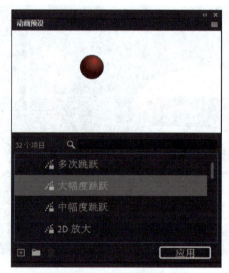

图 5-91　动画预设面板

学习笔记

# 项目六

## 制作高级动画

【项目导读】

使用 Animate 制作动画，除了前面学习的基础动画制作外，还可以进行高级动画制作，比如使用引导图层制作沿特定路径运动的动画、使用遮罩图层实现控制内容显示的动画、使用骨骼工具制作角色动画、使用摄像机工具控制镜头的运动效果等。

【知识目标】

◇ 掌握引导动画的制作方法。
◇ 掌握遮罩动画的制作方法。
◇ 掌握骨骼动画的制作方法。
◇ 掌握摄像机动画的制作方法。

【能力目标】

◇ 能够制作电商促销广告。
◇ 能够制作网络广告动画。
◇ 能够制作皮影文化宣传海报。
◇ 能够优化 MG 动画。

【素质目标】

◇ 提升学生动画制作的审美能力。
◇ 培养学生精益求精的工匠精神。
◇ 培养学生制作 MG 动画的兴趣。

### 任务一　制作电商促销广告

在动画的制作过程中，若要让某个元件沿着给定的路径运动，则可使用引导动画来实现。本任务就是通过在电商促销广告中添加花瓣下落的引导动画效果，提升整个广告的意境，以吸引更多用户的关注。

#### 任务目标

通过使用"添加传统运动引导层"命令添加引导层，使用"铅笔工具"绘制线条，使用"创建传统补间"命令制作花瓣沿路径飘落的动画效果。本任务制作完成后的最终效果如图 6-1 所示。

图 6-1 电商促销广告效果

## 相关知识

制作本任务涉及引导动画原理、创建引导动画、制作引导动画的注意事项等相关知识。

### 一、引导动画原理

引导动画即动画对象沿着引导层中绘制的线条运动的动画。绘制的线条通常是不封闭的,以便于 Animate 系统找到动画的起始位置和结束位置,从而进行运动。被引导层通常采用传统补间动画来实现运动效果,被引导层中的动画与普通传统补间动画一样,可设置除位置变化外的其他属性,如 Alpha、大小等属性。

### 二、创建引导动画

一个引导动画至少需要一个引导层和一个被引导层。创建引导层和被引导层的方法有以下两种。

> 将当前图层转换为引导层:选中要转换为引导层的图层,单击鼠标右键,在弹出的快捷菜单中选择"引导层"命令,即可将该图层转换为引导层,此时引导层下还没有被引导层,在图层区域以 图标表示,如图 6-2 所示。将其他图层拖动到引导层下,即可添加被引导层,此时引导层图标变为 ,如图 6-3 所示。

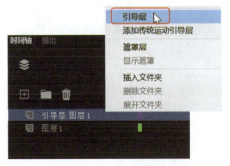

图 6-2 将当前图层转换为引导层

图 6-3 添加被引导层

▶ **为当前图层添加引导层**：选中要添加引导层的图层，单击鼠标右键，在弹出的快捷菜单中选择"添加传统运动引导层"命令，即可为该图层添加引导层，同时，该图层变为被引导层，如图 6-4 所示。

图 6-4 为当前图层添加引导层

## 三、引导动画制作注意事项

在制作引导动画的过程中，需要注意以下事项。

▶ 引导路径的转折不宜过多，并且转折处的线条弯度不宜过急，以免 Animate 无法准确判断对象的运动路径。

▶ 引导路径应为一条流畅且从头到尾连续贯穿的线条，线条不能出现中断的现象。

▶ 引导路径中不能出现交叉、重叠，否则会导致动画创建失败。

▶ 被引导对象必须吸附在引导路径上，否则被引导对象将无法沿着引导路径运动。

▶ 引导路径必须是未封闭的线条。

## 任务实施

某商场为了提高用户关注度和产品成交量，决定在 3·15 活动即将到来之际，在各大电商网站发送 3·15 春季促销广告，该广告要求大小为 800 像素×250 像素，在设计上要将促销内容、促销时间等信息展现出来，并配以花瓣飘落等动画效果，为广告增光添彩，以吸引更多用户关注其活动信息。

（1）启动 Animate CC 2022，选择"文件"→"新建"菜单命令，打开"新建文档"对话框，"平台"选择"ActionScript 3.0"，在右侧的"详细信息"栏中设置"宽度"和"高度"分别为"800"和"250"，单击 创建 按钮。

（2）选择"文件"→"导入"→"导入到库"命令，打开"导入到库"对话框，选择"01.jpg""02.png""03.png"等素材，单击 打开(O) 按钮，将素材导入到库中，如图 6-5 所示。

图 6-5 "库"面板

（3）按"Ctrl+F8"组合键，在打开的"创建新元件"对话框中，设置名称为"花瓣1"，在"类型"选项的下拉列表栏中选择"图形"选项，单击 确定 按钮，新建图形元件"花瓣1"，如图 6-6 所示，舞台窗口也随之转换为图形元件的舞台窗口。将"库"面板中的位图"02.png"文件拖曳到舞台窗口中，如图 6-7 所示。

图 6-6 创建图形元件

（4）利用相同的方法，将"库"面板中的位图"03.png""04.png""05.png""06.png"文件分别制作成图形元件"花瓣2""花瓣3""花瓣4""花瓣5"，如图 6-8 所示。

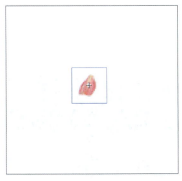
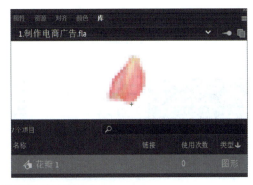

图 6-7 编辑图形元件内容

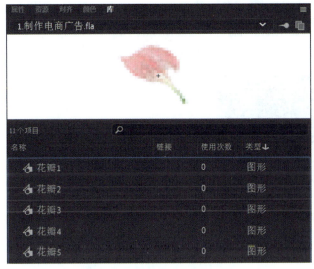

图 6-8 制作其他图形元件

(5) 按 "Ctrl+F8" 组合键,在打开的 "创建新元件" 对话框中,设置 "名称" 为 "花瓣动 1",在 "类型" 选项的下拉列表栏中选择 "影片剪辑" 选项,如图 6-9 所示,单击 按钮,新建影片剪辑元件 "花瓣动 1",舞台窗口也随之转换为影片剪辑元件的舞台窗口。

图 6-9 创建影片剪辑元件

(6) 在 "时间轴" 面板中,在 "图层_1" 上单击鼠标右键,在弹出的快捷菜单中选择 "添加传统运动引导层" 命令,为 "图层_1" 添加运动引导层,如图 6-10 所示。

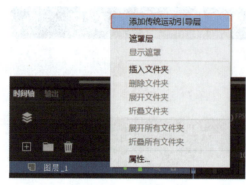

图 6-10　为当前图层添加引导层

（7）选择"铅笔工具" ，在"属性"面板中将"笔触颜色"设为"#FF0000"，在"铅笔模式"下拉列表框中选择 ，在引导层上绘制出一条曲线，如图 6-11 所示。选中引导层的第 40 帧，按"F5"键，插入普通帧，如图 6-12 所示。

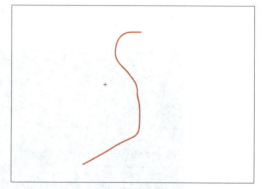

图 6-11　在引导层绘制曲线

图 6-12　插入普通帧

（8）选中"图层_1"的第 1 帧，将"库"面板中的图形元件"花瓣 1"拖曳到舞台窗口中，并将其放置在曲线上方的端点上，如图 6-13 所示。

（9）选中"图层_1"的第 40 帧，按"F6"键，插入关键帧，如图 6-14 所示。使用"选择工具" ，在舞台窗口中将"花瓣 1"实例移动到曲线下方的端点上，如图 6-15 所示。

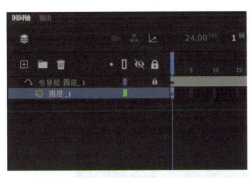

图 6-13 拖曳元件至曲线上方的端点

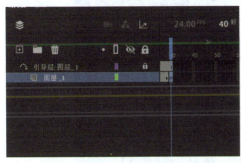

图 6-14 插入关键帧

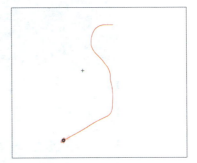

图 6-15 拖曳元件至曲线下方的端点

（10）在"图层_1"的第 1 帧单击鼠标右键，在弹出的快捷菜单中选择"创建传统补间"，在第 1 帧和第 40 帧之间生成动作补间动画，如图 6-16 所示。

图 6-16 创建传统补间动画

（11）用上述方法使用图形元件"花瓣 2""花瓣 3""花瓣 4""花瓣 5"分别制作影片剪辑元件"花瓣动 2""花瓣动 3""花瓣动 4""花瓣动 5"，如图 6-17 所示。

（12）按"Ctrl + F8"组合键，弹出"创建新元件"对话框，在"名称"中输入"一起动"，在"类型"选项的下拉列表中选择"影片剪辑"选项，单击 确定 按钮，新建"一起动"影片剪辑元件，如图 6-18 所示。舞台窗口也随之切换为影片剪辑元件的舞台窗口。

（13）将"库"面板中的影片剪辑元件"花瓣动 1"拖曳到舞台窗口中，如图 6-19 所示。选中"图层_1"的第 50 帧，按"F5"键，插入普通帧。

（14）单击"时间轴"面板上方的"新建图层"按钮 ，新建"图层_2"。选中"图层_2"的第 5 帧，按"F6"键，插入关键帧。将"库"面板中的影片剪辑元件"花瓣动 2"在舞台窗口中拖曳两次，如图 6-20 所示。

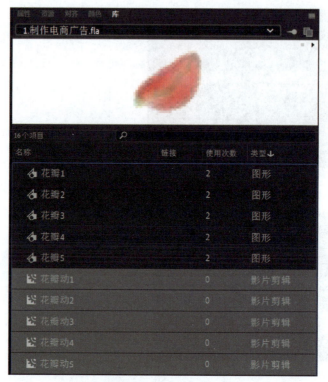

图 6-17 影片剪辑元件

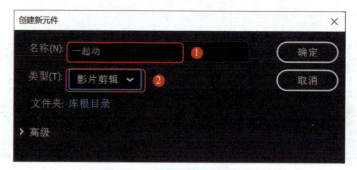

图 6-18 创建影片剪辑元件

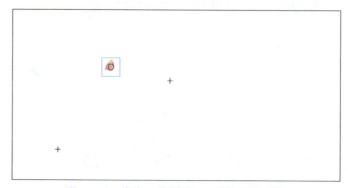

图 6-19 拖曳"花瓣动 1"影片剪辑元件

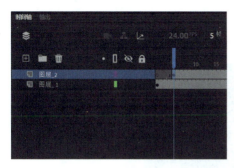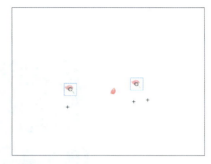

图 6-20　拖曳"花瓣动 2"影片剪辑元件

(15) 单击"时间轴"面板上方的"新建图层"按钮，新建"图层_3"。选中"图层_3"的第 10 帧，按"F6"键，插入关键帧。将"库"面板中的影片剪辑元件"花瓣动 3"拖曳到舞台窗口中，如图 6-21 所示。

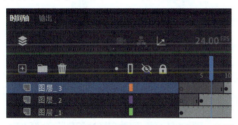

图 6-21　拖曳"花瓣动 3"影片剪辑元件

(16) 单击"时间轴"面板上方的"新建图层"按钮，新建"图层_4"。选中"图层_4"的第 15 帧，按"F6"键，插入关键帧。将"库"面板中的影片剪辑元件"花瓣动 4"向舞台窗口中拖曳 2 次，如图 6-22 所示。

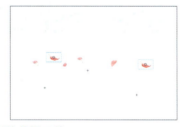

图 6-22　拖曳"花瓣动 4"影片剪辑元件

(17) 单击"时间轴"面板上方的"新建图层"按钮，新建"图层_5"。选中"图层_5"的第 20 帧，按"F6"键，插入关键帧。将"库"面板中的影片剪辑元件"花瓣动 5"拖曳到舞台窗口中，如图 6-23 所示。

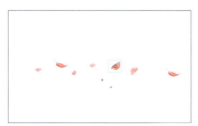

图 6-23　拖曳"花瓣动 5"影片剪辑元件

(18)单击 ← 按钮返回场景,将"图层_1"重命名为"底图",将"库"面板中的位图"01.jpg"拖曳到舞台窗口的中心位置,如图6-24所示。

图6-24 底图

(19)在"时间轴"面板中创建新建图层并将其命名为"花瓣"。将"库"面板中的影片剪辑元件"一起动"拖曳到舞台中,并放置在适当位置,如图6-25所示。

图6-25 拖曳"一起动"影片剪辑元件

(20)按"Ctrl+Enter"组合键播放电商促销广告效果,完成后按"Ctrl+S"组合键保存文件,完成本例的制作。

## 任务二 制作电饭煲广告动画

遮罩层动画就像一块不透明的板,如果要看到它下面的图像,只能在板上挖"洞",而遮罩层中有对象的地方就可以看成"洞",被遮罩层中的对象就会显示出来。本任务就是在电饭煲广告中将图片通过遮罩动画的方式显示出来,使得广告更加生动。

### 任务目标

制作一个电饭煲广告动画,使广告中的文字和图片通过动画形式实现圆形展开的效果。通过本任务的学习,用户可以掌握遮罩动画的操作方法。本任务完成的动画效果如图6-26所示。

图 6-26 电饭煲广告动画

## 相关知识

在制作本任务的过程中用到了遮罩动画技术，下面介绍其相关知识。

### 一、遮罩动画原理

遮罩动画是比较特殊的动画类型，主要包括遮罩层及被遮罩层。遮罩层用于控制显示的范围及形状。例如，遮罩层中是一个正圆图形，用户只能看到这个正圆中的动画效果。被遮罩层则主要实现动画内容，如场景、图像等。图 6-27 所示即为创建一个静态的遮罩动画效果的前后对比图。

图 6-27 遮罩动画效果的前后对比图

## 二、创建遮罩动画

在 Animate 中创建遮罩层的方法主要有用菜单命令创建和通过改变图层属性创建两种。

↳ **用菜单命令创建**：用菜单命令创建遮罩层是创建遮罩层最简单的方法。其操作方法为：在需要作为遮罩层的图层上右击，在弹出的快捷菜单中选择"遮罩层"命令，将当前图层转换为遮罩层。转换后若紧贴其下有一个图层，则会被自动转换为被遮罩层，如图 6-28 所示。

图 6-28　用菜单命令创建遮罩层

↳ **通过改变图层属性创建**：在图层区域双击要转换为遮罩层的图层图标，在打开的"图层属性"对话框的类型栏中选中"遮罩层"单选项，单击 确定 按钮，如图 6-29 所示。使用这种方法创建遮罩层后，还需要拖曳其他图层到遮罩层的下方，将其转换为被遮罩层。

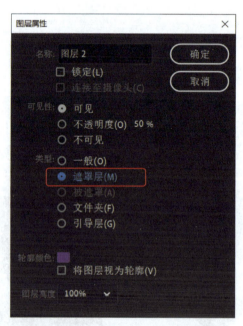

图 6-29　"图层属性"对话框

## 三、遮罩动画制作注意事项

虽然用户可以在遮罩层中绘制任意图形并用于创建遮罩动画，但为了使创建的遮罩动画

更具美感,在创建遮罩动画时,应注意以下事项:

↘ **遮罩对象**:遮罩层中的对象可以是按钮、影片剪辑、图形和文字等,但不能使用笔触,被遮罩层则可以是除了动态文本之外的任意对象。在遮罩层和被遮罩层中可使用补间形状动画、传统补间动画、引导动画等多种动画形式。

↘ **编辑遮罩**:在制作遮罩动画的过程中,遮罩层可能会挡住下面图层中的元件,若要对遮罩层中的对象进行编辑,可以单击"时间轴"面板中的"将图层显示为轮廓"按钮 ▢ ,使遮罩层中的对象只显示边框形状,以便对遮罩层中对象的形状、大小和位置进行调整。

↘ **遮罩不能重复**:不能用一个遮罩层来遮罩另一个遮罩层。

## 任务实施

某电饭煲生产公司为了推广其最新产品,决定设计一块整体尺寸为 800 像素×800 像素的网络广告,用于促销。在设计上,考虑以黑色金属质感为主,再配以电饭煲、促销文字等点明主题,并通过加入遮罩动画效果,增强广告的吸引力,以满足产品促销宣传的需求。

(1) 启动 Animate CC 2022,选择"文件"→"新建"菜单命令,打开"新建文档"对话框,"平台"选择"ActionScript 3.0",在右侧的"详细信息"栏中设置"宽"和"高"分别为"800"和"800",单击 创建 按钮。

(2) 在"属性"面板中,将"舞台颜色"设置为"#000000",完成舞台颜色的修改。

(3) 选择"文件"→"导入"→"导入到库"命令,在弹出的"导入到库"对话框中,选择"01.jpg""02.png""03.png"和"04.png"素材文件,单击 打开(O) 按钮,将素材导入到库中,如图 6—30 所示。

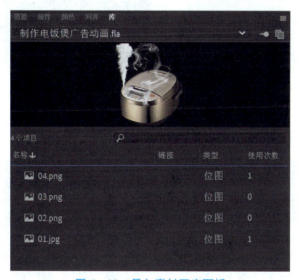

图 6—30 导入素材至库面板

(4) 按"Ctrl + F8"组合键,弹出"创建新元件"对话框,在"名称"项文本框中输入"电饭煲",在"类型"选项的下拉列表中选择"图形"选项。单击 确定 按钮,新建图形元件"电饭煲",如图 6-31 所示。舞台窗口也随之转换为图形元件的舞台窗口,将"库"面板中的位图"02.png"拖曳到舞台窗口中,并放在适当的位置,如图 6-32 所示。

图 6-31 创建电饭煲图形元件

图 6-32 拖曳 02 位图文件至图形元件内部

(5)新建图形元件"装饰1",如图 6-33 所示,舞台窗口也随之转换为图形元件"装饰1"的舞台窗口,将"库"面板中的位图"03.png"拖曳到舞台窗口中,并放置在适当的位置,如图 6-34 所示。

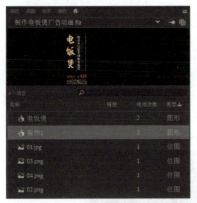

图 6-33 创建装饰 1 图形元件

图 6-34 拖曳 03 位图文件至图形元件内部

(6)单击舞台窗口左上方的 按钮返回场景,将"图层_1"重命名为"底图",如图 6-35 所示。选中"底图"图层的第 90 帧,按"F5"键,插入普通帧。

图 6-35 底图图层

(7)在"时间轴"面板中单击上方的"新建图层"按钮 ,新建图层并将其重命名为

"电饭煲",将"库"面板中的图形元件"电饭煲"拖曳到舞台窗口中,并放置在适当的位置,如图 6-36 所示。

图 6-36 拖曳"电饭煲"图形元件至舞台

(8)选中"电饭煲"图层的第 10 帧,按"F6"键,插入关键帧。选中"电饭煲"图层的第 1 帧,在舞台窗口中选中"电饭煲"实例,在图形"属性"面板中,选择"色彩效果"选项组,在"样式"选项下拉列表中选择"Alpha"选项,将"Alpha"设置为 0,将"电饭煲"实例设置为透明,如图 6-37 所示。

 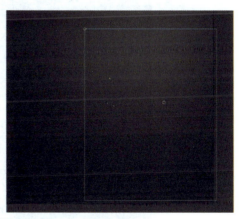

图 6-37 设置"电饭煲"图形元件透明

(9)用鼠标右键单击"电饭煲"图层的第 1 帧,在弹出的快捷菜单中选择"创建传统补间"命令,生成传统补间动画。

(10)在"时间轴"面板中单击上方的"新建图层"按钮 ,新建图层并将其命名为"遮罩1"。选择"椭圆工具" ,在"属性"面板中将"笔触颜色"设置为 ,"填充颜色"设置为"#FFFFFF",单击"对象绘制"按钮 。按住"Shift"键的同时,在舞台窗口中绘制一个圆形,如图 6-38 所示。

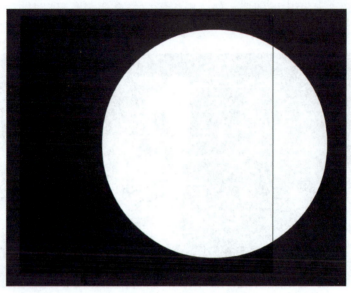

图 6-38　绘制正圆

（11）选中"遮罩1"图层的第 20 帧，按"F6"键，插入关键帧。选择"遮罩1"图层的第 1 帧，按"Ctrl + T"组合键，弹出"变形"面板，将"缩放宽度"项和"缩放高度"项均设为"1"，如图 6-39 所示。

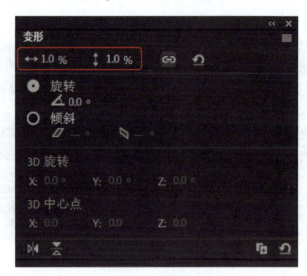

图 6-39　"变形"面板

（12）用鼠标右键单击"遮罩1"图层的第 1 帧，在弹出的快捷菜单中选择"创建补间形状"命令，生成形状补间动画，如图 6-40 所示。在"遮罩1"图层上单击鼠标右键，在弹出的快捷菜单中选择"遮罩层"命令，将图层"遮罩1"设置为遮罩的层，图层"电饭煲"为被遮罩的层，如图 6-41 所示。

（13）在"时间轴"面板中单击上方的"新建图层"按钮，创建新图层并将其命名为"装饰1"。选中"装饰1"图层的第 20 帧，按"F6"键，插入关键帧。将"库"面板中的图形元件"装饰1"拖曳到舞台窗口中，并放置在适当的位置，如图6-42所示。

图6-40 创建补间形状动画

图6-41 将图层设置为遮罩层

图6-42 拖曳"装饰1"图形元件至舞台

（14）选中"装饰1"图层的第30帧，按"F6"键，插入关键帧。选中"装饰1"图层的第20帧，在舞台窗口中选中"装饰1"实例，在图形"属性"面板中，在"色彩效果"选项组中选择"Alpha"选项，将"Alpha"设置为"0"，将"装饰1"实例设置为透明，如图6-43所示。

图 6-43 设置"装饰 1"图形元件透明

（15）用鼠标右键单击"装饰 1"图层的第 20 帧，在弹出的快捷菜单中选择"创建传统补间"命令，生成补间动画，如图 6-44 所示。

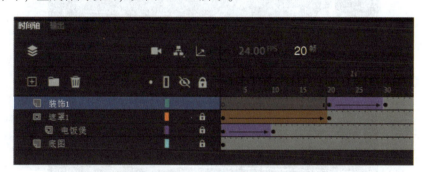

图 6-44 创建传统补间动画

（16）在"时间轴"面板中单击上方的"新建图层"按钮 ，创建新图层并将其命名为"装饰 2"。选中"装饰 2"图层的第 30 帧，按"F6"键，插入关键帧。将"库"面板中的位图"04.png"拖曳到舞台窗口中，并放置在适当位置，如图 6-45 所示。

（17）在"时间轴"面板中单击上方的"新建图层"按钮 ，创建新图层并将其命名为"遮罩 2"。选中"遮罩 2"的第 30 帧，按"F6"键，插入关键帧。选择"矩形工具" ，在"属性"面板中将"笔触颜色"设置为 ，"填充颜色"设为"#FFFFFF"。在舞台窗口中绘制一个矩形，如图 6-46 所示。

（18）选中"遮罩 2"图层的第 40 帧，按"F6"键，插入关键帧。选中"遮罩 2"图层的第 30 帧，按"Ctrl + T"组合键，弹出"变形"面板，将"缩放宽度"项设为"100"，"缩放高度"项设为"1"，如图 6-47 所示。

图 6-45 拖曳 "04.png" 位图至舞台

图 6-46 绘制白色矩形

图 6－47　缩放矩形

（19）用鼠标右键单击"遮罩 2"图层的第 30 帧，在弹出的快捷菜单中选择"创建补间形状"命令，生成形状补间动画，如图 6－48 所示。在"遮罩 2"图层上单击鼠标右键，在弹出的快捷菜单中选择"遮罩层"命令，将图层"遮罩 2"设置为遮罩的层，图层"装饰 2"为被遮罩的层，如图 6－49 所示。

图 6－48　创建形状补间动画

图 6－49　创建遮罩层

（20）按"Ctrl + Enter"组合键播放电饭煲广告动画效果，完成后按"Ctrl + S"组合键保存文件，完成本例的制作。

项目六　制作高级动画

## 任务三　制作皮影文化宣传海报

在动画制作过程中,有时为了使动画中对象的动作更加流畅,需要对每一帧进行调整,这些操作较为烦琐,因此,可以通过骨骼动画创建运动状态过程,从而更为简单地实现动作效果。

### 任务目标

完成制作中国传统皮影文化宣传海报,制作时主要涉及添加骨骼、创建骨骼、设置骨骼属性、创建动画等知识。通过本任务的学习,可以掌握骨骼动画的制作方法。本任务完成后的效果如图 6-50 所示。

图 6-50　中国传统皮影文化海报

### 相关知识

制作本任务的相关知识包括认识骨骼动画、添加骨骼、编辑骨骼、创建骨骼动画、设置骨骼动画属性等。

## 一、认识骨骼动画

骨骼动画也叫反向运动，是使用骨骼关节结构对一个对象或彼此相关的一组对象进行动画处理的方法。使用骨骼后，元件实例和形状对象可以按复杂且自然的方式移动。例如，通过反向运动可以轻松地创建人物动画，如胳膊、腿的运动以及面部表情的变化。

骨骼构成骨架，在父子层次结构中，骨架中的骨骼彼此相连。骨架可以是线性的或分支的。源于同一骨骼的骨架分支称为同级；骨骼之间的连接点称为关节。

## 二、添加骨骼

创建骨骼动画之前，需要先为元件和图形添加骨骼。

### （一）为元件实例添加骨骼

如果是较为复杂的图像，则可以将图像的各个部分分别创建为元件，然后通过骨骼来连接这些元件，从而得到一个完整的骨骼。为元件添加骨骼的方法为：在"工具"面板中选择"骨骼工具"，单击要成为骨骼根部或头部的元件，然后按住鼠标左键拖动到其他元件中，将其连接在根部或头部元件上，此时两个元件之间显示一条连接线，即创建好了一个骨骼。继续使用骨骼工具从上一个骨骼的底部按住鼠标左键拖曳到下一个元件上可以再创建一个骨骼，重复该操作将所有元件都用骨骼连接在一起，如图 6-51 所示。

 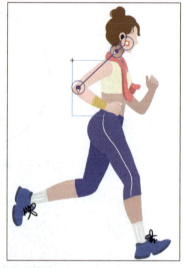

图 6-51 为元件创建骨骼

还可以在一个实例上连接各个实例以创建骨骼分支，使用"骨骼工具"从要创建分支的骨骼实例上拖曳鼠标到一个新的实例上，可创建一个分支，继续连接该分支上的其他实例，如图 6-52 所示。

所有骨骼合在一起成为骨架，创建骨骼后，在"时间轴"面板中将自动创建一个图层，如图 6-53 所示。

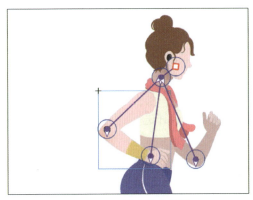

图 6-52　创建分支骨骼

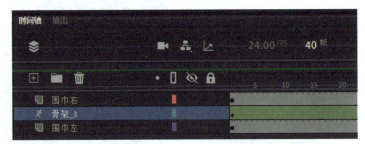

图 6-53　创建的骨架图层

## （二）为图形添加骨骼

为图形创建骨骼时，需要先选择图形，再使用"骨骼工具" 在图形内部拖曳鼠标创建骨骼，继续使用骨骼工具从第一个骨骼的尾部拖曳鼠标创建下一个骨骼，创建完所有骨骼后的效果如图 6-54 所示。

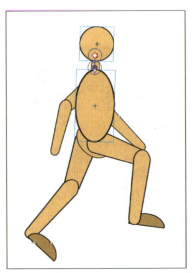 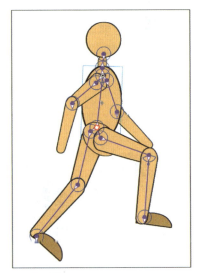

图 6-54　为图形创建骨骼

### 三、编辑骨骼

创建骨骼后，可以对其进行编辑，如选择骨骼和关联的对象、删除骨骼、重新调整骨骼和对象的位置等。

#### 1. 选择骨骼和关联的对象

要编辑骨骼和关联的对象，须先对其进行选择，在 Animate 中，选择骨骼和关联对象的方法有 4 种。

↘ **选择单个骨骼**：使用"选择工具" ▶ 单击骨骼即可选择单个骨骼，并且在"属性"面板中显示骨骼属性，如图 6-55 所示。

图 6-55 选择单个骨骼

↘ **选择相邻骨骼**：在"属性"面板中单击"上一个同级"按钮 ←、"下一个同级"按钮 →、"父级"按钮 ↑、"子级"按钮 ↓，可以将所选内容移动到相邻骨骼，如图 6-56 所示。

图 6-56 选择相邻骨骼

↘**选择所有骨骼**：使用"选择工具" ▶ 双击任意一个骨骼，可选择所有骨骼。在"属性"面板中将显示骨骼属性，如图 6-57 所示。

图 6-57　选择所有骨骼

↘**选择骨架**：在"时间轴"面板中单击骨架图层名称，可以选择骨架。在"属性"面板中将显示骨架属性，如图 6-58 所示。

图 6-58　选择骨架

### 2. 删除骨骼

要删除单个骨骼及其所有子骨骼，可以先选中该骨骼，按"Delete"键删除；按住"Shift"键可选择多个骨骼进行删除。要删除所有的骨骼，可以先选择该骨架中的任意元件或骨骼，然后选择"修改"→"分离"命令删除。也可以在骨架图层中单击鼠标右键，在弹出的快捷菜单中选择"删除骨架"命令。删除骨架后，图层将还原为正常图层。

## 3. 调整骨骼

在 Animate 中还可以对骨骼的位置进行调整，包括移动骨骼、移动骨骼分支、旋转骨骼等。

- **移动骨骼**：拖动骨架中的任意骨骼或实例，可以移动骨骼，如图 6－59 所示。

图 6－59　移动骨骼

- **移动骨骼分支**：拖曳骨架中某分支的骨骼或实例，可以移动该分支中的所有骨骼，而骨架的其他分支中的骨骼不会移动，如图 6－60 所示。

图 6－60　移动骨骼分支

- **旋转骨骼**：拖曳骨骼的主骨骼可使骨骼整体旋转，若需要对单个骨骼进行旋转，则可按住"Shift"键不放拖曳该骨骼，如图 6－61 所示。
- **调整骨骼长度**：按住"Ctrl"键不放，拖曳要调整骨骼长度的元件，即可调整骨骼长度，如图 6－62 所示。注意，该方法主要针对元件，图形不能调整骨骼长度。
- **移动骨架**：要移动整个骨架的位置，需要先选择该骨架，然后在"属性"面板中设置骨架的"X"值和"Y"值，如图 6－63 所示。

图 6-61　旋转骨骼

图 6-62　调整骨骼长度

图 6-63　移动骨架

## 四、创建编辑骨骼动画

完成骨骼的编辑后，若需要使骨骼以动画形式展现，则要先在骨骼图层中添加帧以改变动画的长度，然后在不同帧上对舞台中的骨架进行调整，以创建关键帧。在骨架图层的关键帧上添加姿势，Animate 会自动创建每个姿势之间的效果。

➥ **更改动画的长度**：将骨架图层的最后一帧向右或向左拖曳，可更改动画的长度，如图 6-64 所示。

➥ **添加姿势**：在骨架图层要插入姿势的帧处单击鼠标右键，在弹出的快捷方式中选择"插入姿势"命令，或将播放头移动到要添加姿势的帧上，然后在舞台上对骨架进行调整，如图 6-65 所示。

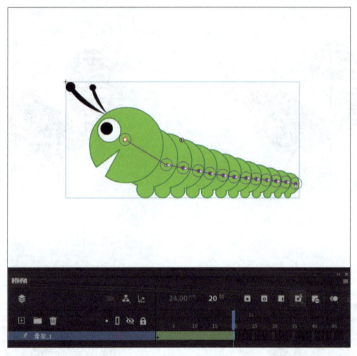

图6-64 更改动画的长度

图6-65 添加姿势

➷ **清除姿势**：在骨架图层的姿势帧处单击鼠标右键，在弹出的快捷菜单中选择"清除姿势"命令，即可清除姿势，如图6-66所示。

项目六　制作高级动画

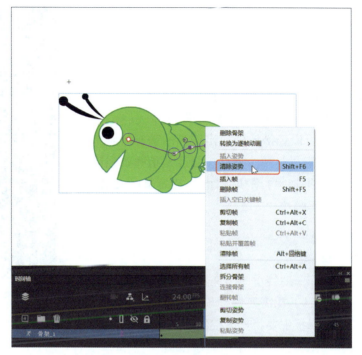

图 6-66　清除姿势

▶ **复制与粘贴姿势**：在骨架图层的姿势帧处单击鼠标右键，在弹出的快捷菜单中选择"复制姿势"命令，即可复制姿势，如图 6-67 所示；然后在要粘贴姿势的位置单击鼠标右键，在弹出的快捷菜单中选择"粘贴姿势"命令即可粘贴姿势。

图 6-67　复制和粘贴姿势

## 五、设置骨骼动画属性

在骨骼动画的"属性"面板中可以为骨骼动画的运动添加各种约束，这样可以实现更加逼真的动画效果。例如，限制小图骨骼旋转的角度，以禁止膝关节按错误的方向弯曲。骨骼的"属性"面板如图 6-68 所示。

"属性"面板中相关选项的作用如下。

▶ **设置骨骼的运动速度**：选择骨骼后，在"属性"面板的"位置"栏的"速度"数值框中输入数值，可限制运动速度。

▶ **关节的 X 轴或 Y 轴平移**：选择骨骼后，在"属性"面板的"关节：X 平移"或"关

· 205 ·

节：Y 平移"栏中勾选"启用"复选框及"约束"复选框，然后设置最小值和最大值，限制骨骼在 X 轴及 Y 轴方向上的活动距离。

➥ **关节旋转**：选择骨骼后，在"属性"面板的"关节：旋转"栏中勾选"启用"复选框及"约束"复选框，然后设置最小角度和最大角度值，限制骨骼旋转角度。

➥ **弹簧**：使用弹簧可以轻松地创建出逼真的动画，其中，主要包括"强度"和"阻尼"两个属性。强度是指弹簧强度，值越高，创建的弹簧效果越强；阻尼是指弹簧效果的衰减效率，值越高，弹簧衰减得越快。

图 6-68　设置骨骼动画属性

## 任务实施

某文化公司需要制作一期传承中华文化的宣传活动，皮影戏是其中的一个重要项目。现需要制作以"皮影戏"文化为主体的动态海报，在该海报中要将皮影戏的表演动作表现出来，体现皮影戏的特色，在背景上采用中国传统的祥云图案，营造出传统文化的古典氛围。

（1）启动 Animate CC 2022，选择"文件"→"新建"菜单命令，打开"新建文档"对话框，"平台"选择"ActionScript 3.0"，在右侧的"详细信息"栏中设置"宽"和"高"分别为"1 000"和"1 500"，单击 创建 按钮。

（2）将"皮影"文件夹包含的图像分别导入到文档中，按"Ctrl + F8"组合键分别将素材新建为不同的影片剪辑元件，如图 6-69 所示。

图 6-69　新建影片剪辑元件

(3) 返回场景，新建图层并将其重命名为"背景"，从"库"中拖曳"背景"图形元件至舞台中央，作为整个动画的背景。

(4) 新建图层并将其重命名为"海报底纹"，从"库"中拖曳"海报底纹"图形元件至舞台底部，如图 6-70 所示。

(5) 新建图层并将其重命名为"文字"，从"库"中拖曳"标题文字"图形元件和"介绍文字"至舞台，如图 6-71 所示。

图 6-70　海报底纹

图 6-71　海报文字

(6) 新建图层并将其重命名为"皮影戏"，从"库"中拖曳组成皮影人物的相关元件，将其组合成一个完成的人物形象，效果如图 6-72 所示。

(7) 选中皮影人物形象的所有文件，按"F8"键，在弹出的"转换为元件"对话框中，设置"名称"为"皮影戏角色动画"，选择"类型"为"影片剪辑"，创建完毕后，双击该元件，进入影片剪辑元件内部。

(8) 选择"骨骼工具"，将鼠标指针移动至皮影的头部，按住鼠标左键不放，向躯干拖曳鼠标，创建第一个骨骼，如图 6-73 所示。

(9) 继续使用"骨骼工具"，从躯干出发，先连接左右手，然后连接腿和脚，完成骨骼的创建，如图 6-74 所示。

图 6-72 皮影戏形象

图 6-73 创建第一个骨骼

图 6-74 完成骨骼的创建

（10）选择"骨架_1"图层中的第 60 帧，按"F5"键插入普通帧。将播放标记拖曳到第 6 帧，使用"选择工具" 选择皮影的手和脚，使其形成动作展示效果，如图 6-75 所示。

（11）将播放标记依次拖曳到第 13 帧、第 20 帧、第 25 帧、第 31 帧、第 37 帧、第 43 帧、第 50 帧和第 55 帧，继续使用"选择工具" 选择皮影的手、腰、脚，调整动作效果，使其更加具有动感。

（12）按"Ctrl+F8"组合键，打开"创建新元件"对话框，在"名称"文本框中输入"皮影戏整体动画"，在"类型"下拉列表中选择"影片剪辑"，单击 按钮，如图 6-76 所示。舞台切换到"皮影戏整体动画"影片剪辑元件内部。

图 6-75 调整骨骼动画

图 6-76 创建新元件

(13) 从"库"面板中拖曳"皮影戏角色动画"影片剪辑元件至舞台,依次在第 55 帧、第 60 帧处按"F6"键插入关键帧。选中第 55 帧上的元件,设置"色彩效果"下的"Alpha"为"0",如图 6-77 所示。

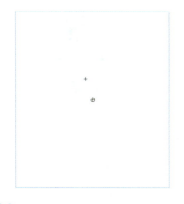

图 6-77 设置 Alpha

(14) 再选中第 60 帧上的元件,单击鼠标右键,在弹出的快捷菜单中选择"变形"→"水平翻转"命令,并取消 Alpha 效果,如图 6-78 所示。完成后,在两个关键帧中间单击鼠标右键,在弹出的快捷菜单中选择"创建补间动画"命令,如图 6-79 所示。

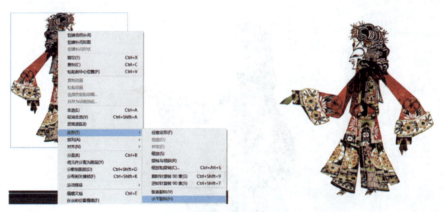

图6-78 设置水平翻转

图6-79 创建补间动画

(15) 继续依次在第115帧、第120帧处按"F6"键插入关键帧，继续重复上两个步骤的做法，设置第115帧的元件"Alpha"为透明，设置第120帧的元件水平翻转。最后，在两个关键帧之间创建"传统补间动画"。

(16) 单击 ← 按钮返回场景，从"库"面板中拖曳"皮影戏整体动画"影片剪辑元件至舞台，并利用"任意变形工具" 调整其大小，如图6-80所示。

图6-80 拖曳影片剪辑元件至舞台

(17) 新建一个图层并重命名为"遮罩层"，从工具箱中选择"椭圆工具" ，在"属性"面板中设置"填充"为"#730048"，"笔触"为"#000000"，"笔触大小"为"5"，按"Shift"键在舞台中绘制能够覆盖"皮影戏整体动画"影片剪辑元件的正圆,如图6-81所示。

图6-81　绘制正圆

(18) 在"工具箱"中选择"选择工具" ,选中正圆的笔触边框,按"Ctrl + X"组合键进行剪切,选中"时间轴"上的遮罩层,单击鼠标右键,在弹出的快捷菜单中选择"遮罩层"命令,将其由普通图层转换为遮罩类型的图层,如图6-82所示。

图6-82　转换为遮罩层

(19) 在"时间轴"面板中继续新建一个图层,将其重命名为"遮罩装饰",按"Ctrl + Shift + V"组合键将之前绘制的正圆边框粘贴到舞台的原位置。从"库"面板中拖曳"印章"图形元件,放在正圆边框的右下角,如图6-83所示。

图6-83　遮罩装饰层

(20) 新建一个图层并将其重命名为"云朵",从"库"面板中拖曳"云朵"图形元件至舞台的左侧，如图 6-84 所示。

图 6-84 "云朵"的初始化效果

（21）选中"云朵"图形元件，按"F8"键，在打开的"转换为元件"对话框中，设置"名称"为"云朵飘动"，在"类型"下拉列表中选择"影片剪辑"。双击进入影片剪辑元件内部。

（22）选择"图层_1"，在第 300 帧处按"F6"键，插入关键帧，拖曳"云朵"图形元件向左移动，如图 6-85 所示，然后在第 1 帧和第 300 帧之间创建"传统补间动画"，如图 6-86 所示。

图 6-85 拖曳"云朵"水平向左移动

图 6-86 创建传统补间动画

（23）按"Ctrl + Enter"组合键播放皮影戏动画效果，完成后按"Ctrl + S"组合键保存文件，完成本例的制作。

## 任务四　优化 MG 城市动画场景

摄像头动画是使用摄像头工具模仿虚拟的摄像头移动的动画效果。摄像头动画不但可以近距离放大感兴趣的对象，或者缩小动画以查看更大范围的效果，还可以将动画内容从一个主题转移到另一个主题。

### 任务目标

完成 MG 城市动画场景的优化，制作时主要涉及添加摄像头、编辑摄像头、设置图层深度等知识。通过本任务的学习，可以掌握摄像头动画的制作方法。本任务完成后的效果如图 6-87 所示。

图 6-87　优化 MG 城市动画场景

### 相关知识

制作本任务的相关知识包括添加摄像头、编辑摄像头和设置图层深度等，下面分别介绍。

#### 一、添加摄像头

要想创建摄像头动画，需要先添加摄像头。添加摄像头的方法为：在工具箱中选择

"摄像头工具" ▭，或在"时间轴"面板中单击"添加/删除摄像头"按钮 ▭，启用摄像头，此时当前文档转换为摄像头模式，舞台将变为摄像头，在舞台边界中可看到摄像头边框，拖曳下方的滑块，可缩放或旋转摄像头，如图 6-88 所示。

图 6-88 添加摄像头

## 二、编辑摄像头

摄像头添加完成后，可对摄像头进行编辑，如缩放摄像头、旋转摄像头、平移摄像头。

### 1. 缩放摄像头

在摄像头动画中，可通过调整摄像头的缩放值来进行摄像头的缩放操作，其操作方法为：选择"摄像头工具" ▭，打开"属性"面板，在"摄像机设置"栏的"缩放"文本框中输入缩放值，可放大或缩小摄像头内容，如图 6-89 所示。

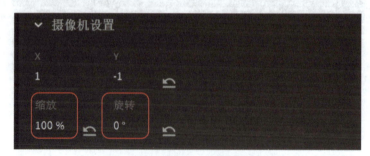

图 6-89 摄像机"属性"面板

也可以在舞台中单击"缩放"按钮 ▭，拖曳右侧的滑块来放大或缩小场景效果。若需要放大场景，则向右拖曳滑块，如图 6-90 所示；若需要缩小场景，则向左拖曳滑块，如图 6-91 所示。若需要两边无限缩放，则松开滑块，使其迅速返回中间位置，然后再进行调整。

项目六 制作高级动画

图 6-90 缩小摄像头

图 6-91 放大摄像头

2. 旋转摄像头

在摄像头动画中，可通过调整摄像头的旋转值来进行摄像头的旋转操作。其操作方法与缩放摄像头的操作方法类似，只需打开"属性"面板，在"摄像头设置"栏的"旋转"文本框中输入旋转值。或在舞台中单击"旋转"按钮，拖曳右侧的滑块顺时针或逆时针旋转场景效果。若需要顺时针旋转场景，则向右拖曳滑块，如图 6-92 所示；若需要逆时针旋转场景，则向左拖曳滑块，如图 6-93 所示。

215

图 6-92 顺时针旋转摄像头

图 6-93 逆时针旋转摄像头

### 3. 平移摄像头

当放大或旋转场景后，往往需要通过平移摄像头来调整整个场景内容的视觉点。其操作方法为：打开"属性"面板，在"摄像机设置"栏的"X""Y"文本框中输入平移值，可平移场景中的摄像头图像。或将鼠标指针移动到舞台上，此时指针变为 形状，通过按住鼠标左键不放并左右或上下拖曳鼠标，完成平移操作，如图 6-94 所示。

图 6-94 平移摄像头

若按住"Shift"键不放，再次按住鼠标左键不放拖曳鼠标，则可进行水平或垂直平移。

**教你一招**

当需要返回原始未编辑摄像头的效果时，可在"摄像机设置"栏中单击"重置摄像头位置"按钮 和"重置摄像头旋转"按钮 ，返回原始设置。

## 三、设置图层深度

设置图层深度可将摄像头聚焦在一个恒定的焦点上，使摄像头动画以不同的速度移动对象，创建出身临其境的视觉感。选择"窗口"→"图层深度"命令，打开"图层深度"面板，如图 6-95 所示。

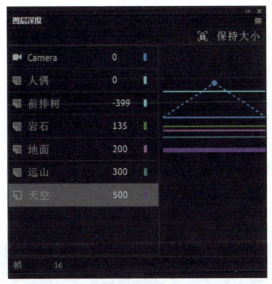

图 6-95 "图层深度"面板

在"图层深度"面板中,每个图层都用唯一的彩线标识。在"时间轴"面板中可查看表示每个图层的颜色。在调整图层深度时,可向上或向下移动多色线条来增大或减小每个图层中对象的深度(将线条向上移动可增大图层中对象的深度,将线条向下移动可减小图层中对象的深度),也可以直接在数值框中输入深度值来精确调整对象的深度。

教你一招

单击"图层深度"面板右上角的"保持大小"按钮,在更改深度时,对象的大小将保持不变。此功能能够按正确的顺序放置对象,并使用摄像头平移功能来模拟视差的效果。

## 任务实施

在一个完整的 MG 动画中,除了各种动画场景外,常会由于各种特殊需要,对场景进行不同转换,使真个动画更具特色。本例中的动画是 MG 动画中展现的一个城市动画场景,为了使整个城市动画更具有层次,可在该动画的场景中添加镜头动画,并适当设置图层深度,让近景、中景、远景逐渐展现。

(1) 打开"MG 城市动画.fla"素材文件,可发现整个动画由底图、人物、行人和汽车动画组成,如图 6-96 所示。

(2) 选择"摄像头工具" ,选择"窗口"→"图层深度"命令,打开"图层深度"面板,设置"Camera"图层的值为"100","汽车 1"图层的值为"-3","行人"图层的值为"-2",此时效果将向前移动,如图 6-97 所示。

图 6-96　MG 城市动画整体场景

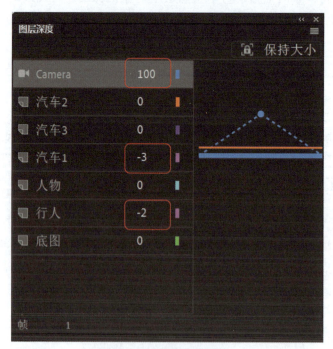

图 6-97　图层深度面板

（3）打开"属性"面板，在"摄像头设置"栏中设置"缩放"为"2904"，"X"为"9788"，"Y"为"-5297"，此时可发现舞台中的摄像机已定位到小狗的位置，如图 6-98 所示。

图 6-98 摄像机设置

（4）在第 67 帧处按"F6"键插入关键帧，此时可以发现小狗已经走出摄像头范围。为了记录小狗行走效果，可按住"Shift"键不放向右拖曳鼠标，将镜头在此定位到小狗处，并在"摄像头设置"栏中设置"缩放"为"916"，在舞台中拖曳场景内容将整个人物体现出来，如图 6-99 所示。为其创建传统补间动画，将行人和宠物全部显示出来。

图 6-99 摄像机设置

（5）在第 125 帧处按"F6"键插入关键帧，打开"属性"面板，在"摄像机设置"中设置"缩放"为"482"，将城市的部分场景体现出来，如图 6-100 所示。为其创建传统补间动画，将部分场景逐渐展现。

图 6-100 摄像机设置

（6）在第 237 帧处按"F6"键插入关键帧，打开"属性"面板，在"摄像机设置"中设置"缩放"为"247",将场景效果体现出来,如图 6-101 所示。为其创建传统补间动画。

图 6-101 摄像机设置

(7)在第 300 帧处按"F6"键插入关键帧,打开"属性"面板,在"摄像机设置"中设置"缩放"为"100",将整个场景效果体现出来,如图 6-102 所示。为其创建传统补间动画,将整个场景逐渐展现。

图 6-102 摄像机设置

(8)为了使这个动画更加连贯,将播放标记拖曳到第一个传统补间上,在"属性"面板中设置"缓动强度"为"100",增加缓动强度,然后将播放标记拖曳到最后一个传统补间上,设置"缓动强度"为"-100",减少缓动强度,如图 6-103 所示。

图 6-103 设置缓动强度

(9)按"Ctrl+Enter"组合键播放 MG 城市动画场景效果,完成后按"Ctrl+S"组合键保存文件,完成本例的制作。

# 巩固练习

### 1. 制作"飘落的梅花"引导动画

本练习将制作"飘落的梅花"引导动画,形成梅花沿着曲线路径逐渐下落的过程效果,如图 6-104 所示。

图 6-104 飘落的梅花效果

### 2. 制作"水波涟漪"遮罩动画

"水波涟漪"遮罩动画主要是通过绘制多个波浪形的线条来创建遮罩层,从而制作出水波流动的效果,最终效果如图 6-105 所示。

需要注意的是,在制作被遮罩层时,需要先新建元件,再分离背景图层,使用橡皮擦等工具将湖水以外的区域擦除。返回主场景,将制作的元件移动到舞台中,使元件的位置与背景图有所偏移。

图 6-105 水波涟漪效果

### 3. 制作"公鸡"骨骼动画

导入素材文件,将公鸡的相关图形转换成元件,并拖曳到舞台中进行适当的旋转和排列。使用骨骼工具创建骨骼,然后调整骨骼的长度、角度等,并在不同的帧上拖曳骨骼以创建多个姿势,从而制作公鸡动画的效果,如图 6-106 所示。

图 6-106 公鸡效果

### 4. 制作"游乐场"镜头动画

本练习将使用摄像机显示游乐场近景,如图 6-107 所示。通过该练习,用户可以掌握摄像机动画的制作方法。

图 6-107　游乐场效果

## 技能提升

**1. 如何实现圆形轨迹的引导动画？**

可以先绘制圆形引导线，然后使用"橡皮擦工具" ◆ 将图形引导线擦出一个小小的缺口，在创建引导动画时，分别将开始帧和结束帧中的元件放置于缺口的两端，就可以使元件沿圆形轨迹运动。

**2. 创建引导层动画时，动画对象为什么不沿引导层运动？**

产生这种情况的原因可能是引导线有问题，如转折太多、有交叉、断点等，或是运动对象未吸附到引导线上。因此，在创建引导层动画时，一定要确保运动对象的中心点吸附在了引导线上。

**3. 如何查看和编辑骨骼动画中骨骼和锚点的关系？**

在为图形添加骨骼后，可利用形状上的锚点与骨骼之间的绑定，对形状进行更有效的控制。绑定锚点后，当骨骼进行旋转或移动时，映射的形状也会随之旋转或移动；反之，如果取消绑定锚点，则当骨骼旋转或者移动时，这些形状不会随之旋转或移动。

查看骨骼所绑定锚点的方法为：选择"绑定工具"，单击选择骨骼，即可查看出该骨骼关联的锚点和骨骼，如图 6-108 所示，选择的骨骼中间以红色突出显示，其关联的锚点则以黄色显示。

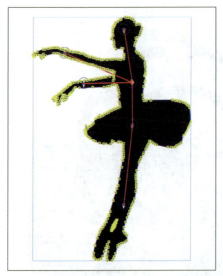 

图 6-108 锚点和骨骼的绑定

若需要重新定义骨骼与锚点的关系，则使用"绑定工具" 选择骨骼后，按住"Shift"键，然后移动鼠标指针至锚点上，当鼠标指针变为 时，单击红色锚点，使其变为黄色，可以使该锚点和骨骼绑定；反之，如果需要接触绑定，则按住"Ctrl"键单击黄色锚点。

学习笔记

# 项目七

## 导入和处理多媒体

【项目导读】

使用 Animate 制作动画时，可以通过添加声音和视频的方式丰富动画的效果，使动画更加生动。

【知识目标】

◇ 掌握声音的导入和编辑方法。
◇ 掌握视频的导入和编辑方法。

【能力目标】

◇ 能够为音乐节目片头添加音效。
◇ 能够为宣传海报添加视频。

【素质目标】

◇ 培养动画制作的细节处理意识。
◇ 探索声音和视频在动画制作中的意义。

### 任务一 制作音乐片头动画

声音是 Animate 动画的一个重要组成元素，它可以使动画更加完整和生动。下面介绍在 Animate 中为动画添加和编辑声音的方法。

#### 任务目标

制作一个有声动画，使观看 Animate 的过程更加有趣。制作的过程包括背景声音的添加、声音的剪辑和优化等。通过本任务的学习，可以掌握声音的导入及优化方法。本任务完成后的最终效果如图 7-1 所示。

图 7-1　音乐节目片头

## 相关知识

制作本任务涉及声音的格式、导入和添加声音、设置声音、修改和删除声音、设置声音播放次数、设置声音属性。

### 一、认识声音的格式

声音的格式有很多种，从低品质到高品质的格式都有。通常在听歌时，接触最多的有 MP3、WAV、WMA、AAC 等格式。

由于 HTML5 Canvas 格式最终发布出来的动画是 HTML5 的网页文件，所以，在 HTML Canvas 格式下，Animate 也只能导入 HTML5 所支持的 WAV 和 MP3 格式的声音文件，下面介绍这两种格式。

➥ **WAV 格式**：WAV 格式是微软公司和 IBM 公司共同开发的 PC 的标准音频格式，这种音频格式将直接保存声音波形的采样数据。因为数据没有经过压缩，所以声音的品质很好，但是 WAV 格式占用的磁盘空间很大，每分钟的音乐大约需要 12 MB 左右的磁盘空间。

➥ **MP3 格式**：MP3 格式是一种压缩的音频格式，相比于 WAV 格式来说，MP3 格式文件更小，每分钟的音乐仅需占用 1 MB 左右的磁盘空间，这是因为它的比特率只有 32～320 kb/s。虽然 MP3 是一种压缩格式，但它拥有较好的声音质量，加上文件较小，便于在互联网上传输，所以使用广泛。

### 二、导入和添加声音

准备好声音素材后，就可以在 Animate 动画中导入声音，一般可将外部的声音先导入"库"面板中。其操作方法为：选择"文件"→"导入"→"导入到库"命令，在打开的"导入到库"对话框中选择要导入的声音文件，单击  按钮，完成导入声音的操作。

导入完成后,打开"库"面板,可发现选择的声音已经添加进去了,如图7-2所示。

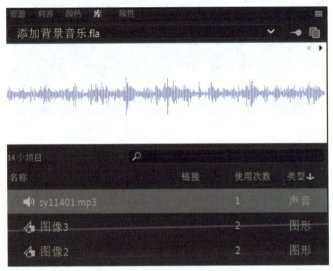

图7-2 导入声音

将声音导入到"库"中后,可以在动画中添加声音。一般在 Animate 动画中添加声音主要通过"时间轴"面板和按钮元件两种方式来实现。

↳ **在"时间轴"面板中添加声音**:为了让动画更具特色,可以在"时间轴"面板中添加一些特殊的音效或背景音乐。其操作方法为:选中需要添加声音的关键帧,在"属性"面板的"声音"下拉列表框中选择需要添加的声音,添加声音文件后,在帧上即可发现添加的声音效果,如图7-3所示。

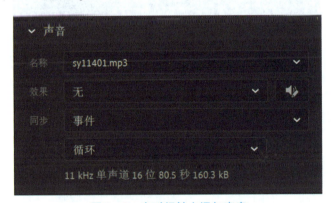

图7-3 在时间轴上添加声音

↳ **在按钮元件上添加声音**:在 Animate 中,可为按钮元件的4种不同状态添加声音,使其在操作时具有更强的互动性。其操作方法为:选中需要添加音效的按钮元件,进入其元件的编辑区,将"库"中的声音文件拖入舞台中,添加声音后的按钮元件的帧状态如图7-4所示。返回主场景,完成在按钮元件上添加声音的操作。

图 7-4 在按钮元件上添加声音

### 三、修改和删除声音

在"时间轴"面板中添加了声音文件后,若是对添加的文件声音不满意,还可以通过"属性"面板将声音文件替换为其他的声音或将其删除。

↘ **修改声音**:将需要修改的声音文件添加到"库"面板中,在"时间轴"面板中选择已添加声音的帧,在"属性"面板的"声音"栏的"名称"下拉列表框中选择替换的声音文件。

↘ **删除声音**:在"时间轴"面板中选择已添加声音的帧,在"属性"面板的"声音"栏的"名称"下拉列表框中选择"无"选项,如图 7-5 所示。

图 7-5 修改和删除声音

### 四、设置声音播放效果

在动画中添加声音后,有时需要对声音播放的效果进行调整,使其与动画效果更贴合。其操作方法为:选择需要的音效,在"属性"面板的"效果"下拉列表框中选择相应的声音播放效果选项,如图 7-6 所示。

"效果"下拉列表框中各选项的作用如下。

↘ **无**:不使用任何效果。

↘ **左声道**:只在左声道播放音频。

↘ **右声道**:只在右声道播放音频。

↘ **向右淡出**:声音从左声道传到右声道,并逐渐减小其幅度。

- **向左淡出**：声音从右声道传到左声道，并逐渐减小其幅度。
- **淡入**：会在声音的持续时间内逐渐增加其幅度。
- **淡出**：会在声音的持续时间内逐渐减小其幅度。
- **自定义**：自行创建声音效果，并利用"音频剪辑"对话框编辑音频。

图 7-6 设置声音播放效果

## 五、设置声音同步方式

添加声音后，可以通过"属性"面板中的同步功能对声音和动画的播放过程进行协调，优化动画效果。"属性"面板的"同步"下拉列表框中包含 4 种模式，如图 7-7 所示。

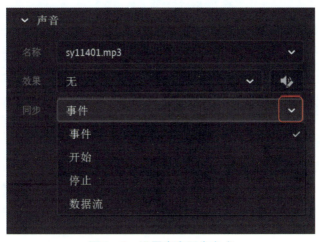

图 7-7 设置声音同步方式

- **事件**：选择该模式可以使声音与事件的发生同步开始。当动画播放到声音的开始关键帧时，事件音频开始独立于时间轴播放，即使动画停止，声音也会播放，直至完毕。

229

↘ **开始**：如果在同一个动画中添加了多个声音文件，并且它们在时间上某些部分是重合的，则可将声音设置为开始模式。在这种模式下，如果有其他声音正在播放，则到了该声音开始播放的帧时，会自动取消该声音的播放，只有没有其他的声音播放时，该声音才会开始播放。

↘ **停止**：停止模式用于停止播放指定的声音，如果将某个声音设置为停止模式，则当动画播放到该声音开始播放的帧时，该声音和其他正在播放的声音都会在此时停止。

↘ **数据流**：数据流模式用于在 Animate 中自动调整动画和音频，使它们同步，主要用于在网络上播放流式音频。在输出动画时，流式音频混合在动画中一起输出。

## 六、设置声音播放次数

在图层中选择已添加声音的帧，在"属性"面板的"声音"栏中选择"同步"下拉列表框中的"重复"选项，在其后的数值框中可以设置声音文件的播放次数，如图 7 – 8 所示。选择"循环"选项，将一直循环播放声音文件。

图 7 – 8　设置声音播放次数

## 七、剪辑声音

在将声音文件导入到 Animate 后，若不需要部分声音，则可以通过"编辑封套"对话框对声音进行编辑。其操作方法为：将一个声音文件导入库中，并将导入的声音文件添加到"时间轴"面板中，然后在其中选择插入声音的关键帧，在"属性"面板中单击"编辑声音封套"按钮 🔊，打开"编辑封套"对话框。

在该对话框中拖曳时间轴上左侧的滑块至需要的声音开始位置，再拖曳该对话框中的滚动条至右侧，然后拖曳右侧滑块至需要的声音结束位置，最后单击 确定 按钮，如图 7 – 9 所示。声音被剪辑后，"时间轴"面板中声音的第 1 帧也会变成左侧滑块所标记的位置。

项目七　导入和处理多媒体

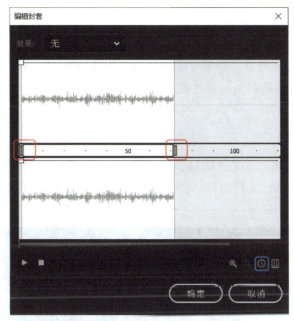

图 7-9　剪辑声音

## 八、调整音量

在制作动画时，需要根据动画气氛来提高或降低音量，调整音量的方法为：在"属性"栏中单击"编辑声音封套"按钮 ，打开"编辑封套"对话框，使用鼠标调整左右的音量控制线可提高和降低音量，完成后单击 按钮，如图 7-10 所示。

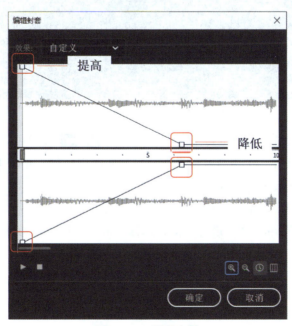

图 7-10　调整音量

231

**教你一招**

在"编辑封套"对话框中,要删除音量控制线上多余的控制柄,可将其选中,在按住鼠标左键不放的同时,将控制柄向两边拖出声音波形窗口。

### 九、设置声音的属性

双击"库"面板中的声音文件图标,在打开的"声音属性"对话框中显示了声音文件的相关信息,包括文件名、文件路径、创建时间和声音的长度等,如图 7 - 11 所示。

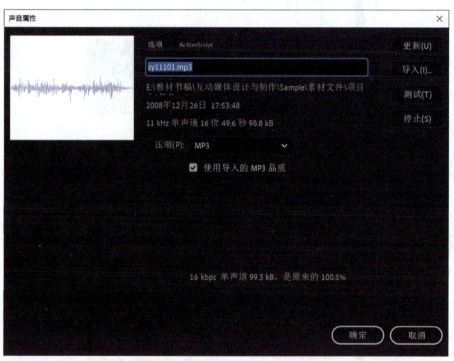

图 7 - 11 "声音属性"对话框

如果导入的声音文件在外部进行了修改,则单击 更新(U) 按钮可以更新声音文件,单击 导入(I)... 按钮可以重新选择一个声音文件来替换当前的声音文件,单击 测试(T) 按钮和 停止(S) 按钮可以播放和停止播放声音文件。

"压缩"下拉列表框中有"默认"和"MP3"两个选项,选择"默认"选项,将使用"MP3,单声道"格式对声音文件进行压缩;选择"MP3"选项且勾选"使用导入的 MP3 品质"复选框,将使用 MP3 文件原先的压缩格式;选择"MP3"选项且取消勾选"使用导入的 MP3 品质"复选框,将显示详细的压缩选项,并可以手动进行设置,如图 7 - 12 所示。

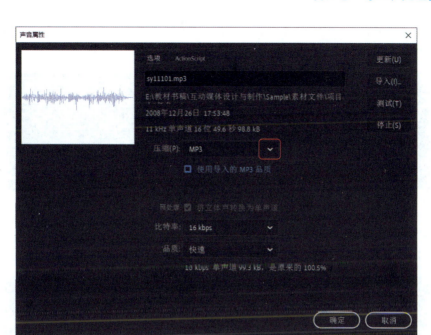

图 7-12 设置压缩属性

## 任务实施

《你我来说唱》是一款青年说唱类音乐节目，旨在传播年轻人的文化态度和主张，重视理念的传达和交互，是一档以青年人群体为收视主体的网络综艺节目。现要为其片头添加背景音乐，通过视听合一的形式表现节目内容，直观地体现主题思想。

（1）打开"制作音乐节目片头.fla"素材文件，然后选择"文件"→"导入"→"导入到库"命令，在打开的"导入到库"对话框中选择"music.mp3"素材文件，单击 打开(O) 按钮，如图 7-13 所示。

图 7-13 导入声音文件

(2) 在"时间轴"面板中单击"新建图层" 按钮新建图层,并将其命名为"音乐",如图 7-14 所示。

图 7-14 新建音乐图层

(3) 按"Ctrl + L"组合键打开"库"面板,选择"music.mp3"选项,按住鼠标左键不放,将其拖曳到舞台中,此时可发现音乐图层中已经添加了音乐,如图 7-15 所示。

图 7-15 添加音乐

(4) 在"时间轴"面板中选择"音乐"图层,打开"属性"面板,在"效果"下拉列表栏中选择"淡入"选项,如图 7-16 所示。

图 7-16 设置效果

(5) 在"同步"下拉列表框中选择"开始"选项,设置声音同步效果,如图 7-17 所示。

图 7-17 设置同步

(6) 在"属性"面板中单击"编辑声音封套"按钮，打开"编辑封套"对话框，拖曳该对话框中的滚动条至右侧，然后拖曳右侧滑块至 25 秒处，重新定义声音结束位置，如图 7-18 所示。

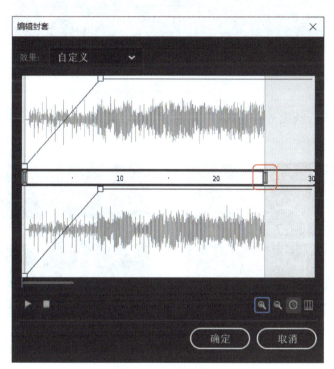

图 7-18 剪辑声音

(7) 选择上方的声音控制柄，将淡入时声音提高的控制柄向前移动，同时，在声音的结束处添加两个控制柄，分别调整到最高处和最低处，制作淡出效果；再选择下方的声音控制柄，做同样的调整，单击 按钮，实现淡出效果，如图 7-19 所示。

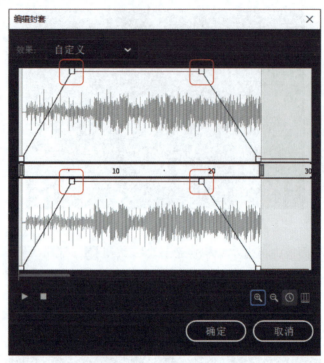

图 7-19 调整声音音量

（8）按"Ctrl + Enter"组合键测试动画，在动画播放的整个过程中都可听到添加的声音，并且有明显的淡入淡出效果。按"Ctrl + S"组合键保存文件，完成操作，如图 7-20 所示。

图 7-20 最终效果

## 任务二 制作水果宣传海报

在 Animate 中除了可以添加和编辑声音外，还可以添加与编辑视频。通过视频丰富动画的表现形式，增加动画的直观性、生动性。

## 任务目标

制作水果宣传海报动画，要在动画中插入一个视频文件。通过本任务的学习，能够在 Animate 中导入视频。本任务完成后的效果如图 7-21 所示。

图 7-21　水果宣传动画效果

## 相关知识

在制作本任务的过程中，需要了解视频的格式及导入视频文件等相关知识。

### 一、认识视频的格式

在 HTML Canvas 格式下，只能导入 HTML5 支持的视频格式，包括 MP4、Ogg、Ogv 和 WebM4 种，下面分别介绍。

▶ **MP4**：MP4 是一套用于音频、视频信息的压缩编码标准，由国际标准化组织（ISO）和国际电工委员会（IEC）下属的"动态图像专家组"（MPEG）制定，主要用于网上视频、光盘、语音发送（视频电话）及电视广播等。

▶ **Ogg**：Ogg 是一种音频压缩格式，可以纳入各式各样自由和开放原始码的编/解码器，包含音频、视频、文本（如字幕）等内容。

▶ **Ogv**：Ogv 是 HTML5 中一个名为 Ogg Theora 的视频格式，起源于 Ogg 容器格式。

▶ **WebM**：WebM 是一个开放、免费的媒体文件格式。WebM 格式的视频是基于 HTML5 标准的，其中包括了 VP8 影片轨和 Ogg Vorbis 音轨。WebM 旨在为向每个人都开放的网络开发高质量、开放的视频格式，其重点是解决视频服务这一核心的网络用户体验。

## 二、导入视频文件

在 Animate CC 2022 中编辑视频，首先需要导入视频文件，其操作方法为：选择"文件"→"导入"→"导入视频"命令，打开"选择视频"对话框，选择播放位置和视频文件，然后依次单击 下一步 按钮，完成视频素材的导入。

## 三、用组件载入外部视频

在 HTML Canvas 格式下，Animate 不能直接导入视频文件，需要先插入一个"Video"组件，然后通过"源"属性来插入视频。其操作方法为：选择"窗口"→"组件"命令，或按"Ctrl + F7"组合键，打开"组件"面板，展开"视频"选项，将其下的"Video"组件拖动到舞台中，即可添加"Video"组件，如图 7 – 22 所示。

图 7 – 22　添加视频组件

选择添加的"Video"组件，在"属性"面板中单击"显示参数"按钮 打开"组件参数"面板，在其中可以设置"Video"组件的参数，单击"源"后的 按钮，在打开的"内容路径"对话框中，单击"浏览"按钮 ，打开"浏览源文件"对话框，在其中选择需要的视频文件，单击 打开(O) 按钮。返回"内容路径"对话框，在其中单击 确定 按钮，如图 7 – 23 所示。播放器组件中将会显示载入的视频文件，并可在组件中播放视频。

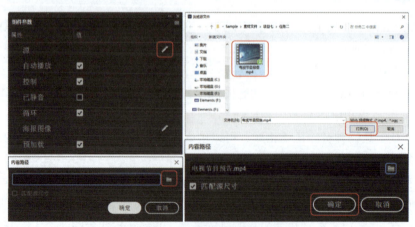

图 7 – 23　载入外部视频设置

**教你一招**

选择视频文件并返回"内容路径"对话框后，可以选中"匹配源尺寸"复选框，这样在单击  按钮后会自动调整 Video 组件的尺寸与视频源文件的保持尺寸一致。

Video 组件的"组件参数"面板中，其他参数的作用如下。

- **自动播放**：勾选该复选框，当动画播放到"Video"组件所在帧时，会自动播放视频，否则将不播放视频，只有单击控制栏中的"播放"按钮时，才会播放。
- **控制**：勾选该复选框，将在视频的下方显示一个播放控制栏，否则将不会显示。
- **已静音**：勾选该复选框：播放声音时将静音。
- **循环**：勾选该复选框，将循环播放视频，否则，当视频播放完后将停止，需用户单击"播放"按钮后才能重新播放。
- **海报图像**：单击其后的 按钮，在打开的"内容路径"对话框中可以设置一张图片作为视频的海报，当视频加载时，将显示海报图像的内容。
- **预加载**：勾选该复选框将预先加载视频文件，否则，只有播放到视频所在帧时才会加载视频。
- **类**：设置"Video"组件的 CSS 类名，可以通过 CSS 样式文件控制 Video 组件的样式。

## 任务实施

小李承包了一家果园，正值水果上市之际，为了拓宽销售渠道，小李决定在朋友圈发布水果宣传海报，该海报已制作完成，为了方便用户查看产品信息，需要在海报下方导入小李拍摄的水果视频，提升整个海报信息的可信度，丰富海报的表现效果，吸引更多的用户下单购买。

（1）打开"水果宣传海报.fla"素材文件，在"时间轴"面板"背景"图层上方新建一个图层并命名为"视频"，如图 7-24 所示。

图 7-24 新建图层

（2）选择"窗口"→"组件"命令，打开"组件"面板，选择"视频"文件夹下的"Video"组件，并将其拖曳到舞台中，使用"任意变形工具" 将组件调整至适当大小，如图 7-25 所示。

图 7-25 添加 Video 组件

（3）利用"选择工具" 选中"Video"组件，在"属性"面板中单击"显示参数"按钮 打开"组件参数"面板，单击"源"后的 按钮，在打开的"内容路径"对话框中，单击"浏览"按钮 ，打开"浏览源文件"对话框，在其中选择"柠檬宣传视频.mp4"视频文件，单击 按钮，如图 7-26 所示。

图 7-26 为视频组件添加视频

（4）返回"内容路径"对话框，取消勾选"匹配源尺寸"复选框，使视频的播放带在其中，单击 按钮，如图 7-27 所示，播放器组件中将会载入视频文件。

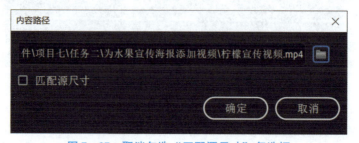

图 7-27 取消勾选"匹配源尺寸"复选框

（5）在组件参数中，取消勾选"控制"复选框，不为视频添加控制器，如图7-28所示。

（6）这时可发现Video组件和视频已经在舞台上，完成后，按"Ctrl+Enter"组合键播放整个视频，如图7-29所示，按"Ctrl+S"组合键完成文件的保存。

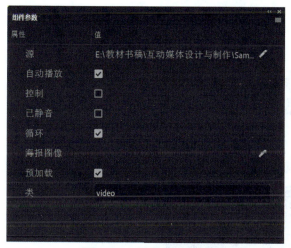

图7-28　设置组件参数

图7-29　视频播放效果

## 巩固练习

### 1. 制作圣诞卡片动画

本练习将在制作完成后的动画中添加背景音乐，使圣诞夜场景变得更加完整和生动，如图7-30所示。

图7-30　圣诞卡片动画

## 2. 制作旅游宣传册

为"旅游宣传册"添加视频，要求设计时先导入视频，然后调整视频的位置和大小，方便用户阅读旅行地的具体信息，如图 7-31 所示。

图 7-31　旅游宣传册

# 技能提升

### 1. 声音、视频文件格式不被 Animate 支持，怎么办？

可以使用格式转换软件（如格式工厂）将声音文件的格式转换为 MP3 格式，将视频文件的格式转换为 MP4 格式。

### 2. HTML5 Canvas 文档如何为音频添加淡入/淡出效果？

由于 HTML5 Canvas 文档不支持音频文件的封套效果，所以无法直接为音频文件添加淡入/淡出效果，只能使用其他音频编辑软件（如 Adobe Audition）修改声音文件后，再重新导入。

> 学习笔记

# 项目八

# 制作交互动画

【项目导读】

在 Animate CC 2022 中，要实现具有交互动作的动画，如表单、游戏、多媒体课件等，就要用到脚本、动作和组件来实现相应的交互功能，从而实现高难度的交互效果。

【知识目标】
◇ 掌握脚本的基础知识。
◇ 掌握动作的相关知识。
◇ 掌握组件的基础知识。

【能力目标】
◇ 能够制作动态图片相册。
◇ 能够制作问卷调查表单。

【素质目标】
◇ 拓展交互动画的知识面。
◇ 培养对复杂交互动画的制作兴趣。
◇ 提高对程序代码编写的逻辑思维能力。

## 任务一 制作"My Pets"动态相册

脚本是使用一种特定的描述性语言，依据一定的格式编写的可执行文件。使用 Animate 制作交互动画需要使用脚本，而脚本需要在"动作"面板中以添加动作的方式进行编辑，将变量、常量、函数、表达式和运算符等组成一个整体，控制对象的各种动画操作。

### 任务目标

使用 ActionScript 制作"My Pets"动态相册，通过单击缩略图中的元件，可以显示相应的图片，并且当鼠标经过和移出缩略图时，可以改变缩略图动画的播放状态，本任务完成后的效果如图 8-1 所示。

图 8–1　My Pets 动态相册

## 相关知识

制作本任务，涉及 ActionScript、"动作"面板的使用、变量、数据类型、表达式和运算符等相关知识。

### 一、认识 ActionScript

在 Animate 中制作交互动画主要通过 ActionScript 实现。

#### 1. ActionScript 的特点

ActionScript 是一种基于对象和事件驱动并具有相对安全性的客户端脚本语言，同时具有以下特性。

增强处理运行错误的能力：为提示的运行错误提供足够的附注（列出出错的源文件）和以数字提示的时间线，帮助开发者迅速定位产生错误的位置。

类封装：ActionScript 引入密封的类的概念，在编译的时间内的密封类拥有唯一固定的特征和方法，其他的特征和方法不可能被加入，因而提高了对内存的使用效率，避免了为每一个对象实例增加内在的杂乱指令。

命名空间：不但在 XML 中支持命名空间，而且在类的定义中也同样支持。

int 和 uint：新的数据变量类型允许 ActionScript 使用更快的整型数据 int 和 uint 来进行计算。

#### 2. ActionScript 的使用

在 Animate CC 2022 中可以通过"动作"面板编写 ActionScript 代码。"动作"面板提供了功能完备的代码编辑器，包括代码提示和着色、代码格式设置和语法突出显示等功能。需要注意的是，在"动作"面板中编写的 ActionScript 代码只能放在 Animate 文档脚本中。用户可直接向 Animate 中的对象添加动作来创建内部脚本。

如果有多个 Animate 文档使用同一个脚本，则可以使用文本编辑器创建外部 ActionScript 文件，然后在 Animate 文档中调用。

## 二、变量与常量

ActionScript 是一种编程语言，在学习如何编程前，必须先了解变量和常量在编程中的作用和使用方法。

### 1. 变量

变量就是内存中的一块存储空间，这个空间中存放的数据就是变量的值。为这块区域贴上标识符，就是变量名。

变量值在程序运行期间是可以改变的，它主要是作为程序的存取容器。在使用变量时，最好对其进行声明。变量的声明主要是明确变量的名称、变量的类型及变量的作用域。

变量的命名需要注意以下几点。

➡ 变量名只能由字幕、数字和下划线 " _ " 组成，以字母开头，除此之外，不能有空格和其他符号。

➡ 变量名不能使用 ActionScript 中的关键字。

➡ 在命名变量时，变量的文本最好与变量代表的含义对应，以免出现错误。

在 ActionScript 中使用 var 关键字声明变量，例如：

```
var number;
```

此处定义了一个名为 number 的变量。

定义变量后要为其赋值，即在变量里存储一个值，这是利用赋值符 " = " 来完成的。例如：

```
var number = 6;
var name = "John";
var visible = true;
var obj = null
```

代码分别声明了 4 个变量，同时赋予了值。变量的类型是由数据的类型决定的。

例如，在上面的代码中，为变量 number 赋值 "6"，"6" 为数值，该变量就是数值变量；为变量 name 赋值 "John"，"John" 为字符串，该变量就是字符串，字符串使用双引号或单引号包裹的字符；为变量 visible 赋值 "true"，"true" 为布尔型，该变量就是布尔型变量，布尔型的数据类型一般使用 true 或 false 表示；为变量 obj 赋值 "null"，"null" 表示空值，即什么也没有。

变量有一定的作用范围，即变量存在作用域，在 ActionScript 中有全局变量和局部变量两种。

全局变量定义在所有函数体之外，其作用范围是整个函数。例如：

```
var obj = "global";
function Scopetest(){
      trace(obj)
}
/*声明了一个字符串变量"obj"，并赋值"global"。该变量既可以在函数 Scopetest()中被访问,也可以在脚本的其他区域被访问。*/
```

局部变量定义在函数体之内，只对该函数可见，其他函数是不可见的。例如：

```
function Localscope{}{
      var obj = "local"
}
/*表示声明了一个字符串变量"obj"，并赋值"local"。该变量只能在函数 Localscope( ) 中被访问。*/
```

#### 2. 常量

常量是使用指定的数据类型表示计算机内存中值的名称。在 ActionScript 中只能为常量赋值一次。一旦为某个常量赋值之后，该常量的值在脚本中将保持不变。声明常量与声明变量的语法的唯一不同之处在于，声明常量使用关键字 const，而不是关键字 var。例如：

```
const pi = 3.14;
```

### 三、数据类型

ActionScript 变量的基本数据类型除了数字型、布尔型和字符串型外，还有组合数据类型的对象和数组、特殊数据类型的 null 和 undefined。

#### 1. 数值型

在 ActionScript 中，数字型变量的使用非常广泛，它也是最基本的类型，但与其他语言的数字类型不同，它并不区别整数型和浮点型，而是统称为浮点型，这种类型既可以表示整数，也可以表示小数，同时，还能使用指数形式表示更大或更小的值。

#### 2. 字符串型

字符串是由 Unicode 字符、数字、标点符号等组成的序列，在 ActionScript 代码中用于表示 ActionScript 文本的数据类型，字符串型数据通常由单引号或双引号包裹，由双引号定界的字符串中可以再包含有单引号，由单引号定界的字符串中也可以再包含有双引号。

#### 3. 布尔型

与数字类型的值不同，布尔型变量的值只有固定的两种表示方式，一种是 true，另一种是 false，前者表示真，后者表示假。如果用数字表示，那么，true 可以使用 1 来表示，false 可以使用 0 来表示。布尔型变量的值来源于逻辑性运算符，常用于控制结构流程。

#### 4. 空值型

在 ActionScript 代码中，空值型是一个比较特殊的类型，它只有一个值，就是 null。当引用一个未定义的对象时，将返回这个 null 值，从严格意义上来说，null 值本质上是一个对象类型，是一个空指针的对象类型。

#### 5. 未定义型

与空值型相同，未定义型也是只有一个 undefined 值，当编写 ActionScript 代码时，如果定义了一个变量，但没有给它赋值，那么，这个变量将返回 undefined 值，这也是变量默认的值，与 null 不同之处在于，null 是一个空值，而 undefined 表示无值。

### 6. 对象型

与前面的基本类型不同，对象型变量保存的内容更多，更容易处理复杂的业务，因此，更加受到开发人员的钟爱，在定义对象型变量时，以花括号界定，括号中以 key/value 的形式来定义对象中属性的内容，各属性之前使用逗号隔开。例如：

```
var student = {
    name = "John";
    age = 18;
    sayHello:function(name){
        trace("my name is " + name + ",nice to meet you!");
    }
}
```

## 四、表达式和运算符

在定义完变量后，就可以对其进行赋值、改变、计算等一系列操作，这一过程通过表达式来完成，而表达式是由变量、常量和运算符构成的一个可以进行运算的式子。

### 1. 表达式

表达式是由数字、运算符、数字分组符号（括号）、变量等能求得数值的有意义排列方法所得的组合。例如：

```
a + b
(a + 10)/c
```

### 2. 运算符

运算符是用于完成操作的一系列符号。在 ActionScript 中，运算符包括算术运算符、比较运算符和逻辑运算符。

算数运算符用于加、减、乘、除和其他数学运算，见表 8 – 1。

表 8 – 1　算术运算符

| 算术运算符 | 描述 |
| --- | --- |
| + | 加 |
| - | 减 |
| * | 乘 |
| / | 除 |
| % | 取模 |
| ++ | 递加 1 |
| -- | 递减 1 |

比较运算符用于比较两个表达式的值，并返回一个布尔值，见表 8 – 2。

表 8-2　比较运算符

| 比较运算符 | 描述 |
| --- | --- |
| < | 小于 |
| > | 大于 |
| <= | 小于等于 |
| >= | 大于等于 |
| = | 等于 |
| != | 不等于 |

逻辑运算符用于对两个布尔值进行逻辑运算，并返回一个布尔值，见表 8-3。

表 8-3　逻辑运算符

| 逻辑运算符 | 描述 |
| --- | --- |
| && | 逻辑与。在形式 A&&B 中，只有当两个条件 A 和 B 同时成立，整个表达式值才为 true |
| \|\| | 逻辑或。在形式 A\|\|B 中，只要两个条件 A 和 B 中有一个成立，整个表达式值就为 true |
| ! | 逻辑非。在 !A 中，当 A 成立时，表达式的值为 false；当 A 不成立时，表达式的值为 true |

### 3. 运算符的优先级和结合律

运算符的优先级和结合律决定了处理运算符的顺序。对于熟悉算术的用户来说，编译器先处理乘法运算符（*），后处理加法运算符（+）是自然而然的事情，同样，编译器也会根据运算符的优先级决定先处理哪些运算符，后处理哪些运算符。ActionScript 定义了一个默认的运算符优先级，可以使用小括号运算符"（）"来改变其优先级。例如，下面的代码就是改变默认优先级，强制编译器优先处理加法运算符，然后处理乘法运算符的。

```
var sum = (2 + 3) * 4; //结果为 20
```

当同一个表达式中出现两个或多个具有相同优先级的运算符时，编译器使用结合律的规则会确定首先处理哪个运算符。除了赋值运算符和条件运算符"?:"之外，所有二进制运算符都是左结合的，即先处理左边的运算符，然后处理右边的运算符。而赋值运算符和条件运算符则是右结合。

例如，小于运算符"<"和大于运算符">"具有相同的优先级，可将这两个运算符用于同一个表达式中，因为这两个运算符都是左结合的。因此，以下两个语句将生成相同的输出结果。

```
trace(3 >2 <1);//false
trace((3 >2) <1);//false
```

## 五、常用语句

在 ActionScript 中主要的有两种基本语句：一种是条件语句，如 if、switch；一种是循环语句，如 for、while。另外，还有其他的一些程序控制语句，下面介绍基本语句的使用。

### 1. if 语句

if 可以理解为"如果"的意思，即如果条件满足，就执行其后的语句。if 语句的用法示例如下：

```
if(x >5){
    alert("输入的数据大于5");
}
```

### 2. if…else 语句

if…else 语句中的"else"可以理解为"另外的""否则"的意思，整个 if…else 语句可以理解为"如果条件成立，就执行 if 后面的语句，否则，执行 else 后面的语句"。if…else 语句的用法示例如下：

```
if(x >5){
    alert("输入的数据大于5");
}else{
    alert("输入的数据小于等于5");
}
```

### 3. if…eles if 语句

使用 if…eles if 条件语句可以连续测试多个条件，以实现对更多条件的判断。if…eles if 语句的用法示例如下。

```
if(x >60){
    alert("输入的数据大于60");
}else if(x <45){
    alert("输入的数据小于45");
}
```

### 4. switch 条件语句

当判断条件比较多时，为了使程序更加清晰，可以使用 switch 语句。switch 语句的用法示例如下：

```
var d = new Date();
var day = d.getDay();
switch(day){
    case 0: alert("Sunday");break;
    case 1:alert("Monday");break;
    case 2:alert("Tuesday");break;
    case 3:alert("Wednesday");break;
    case 4:alert("Thursday");break;
    case 5:alert("Friday");break;
    default:alert("Saturday");break;
}
```

使用 switch 语句时，表达式的值将与每个 case 语句中的常量比较。如果相匹配，则执行该 case 语句后的代码；如果没有一个 case 的变量与表达式的值相匹配，则执行 default 后的语句。当然，default 语句是可选的。如果没有相匹配的 case 语句，也没有 default 语句，则什么都不执行。

### 5. for 语句

for 语句用于循环访问某个变量，以获得特定范围的值，在 for 语句中必须提供 3 个表达式，分别是设置了初始值的变量、用于确定循环何时结束的条件语句，以及在每次循环中都更改变量值的表达式。使用 for 语句常见循环的用法示例如下：

```
for(var i = 0;i < 10;i + +){
    trace(i)
}
```

### 6. for…in 循环语句

for…in 循环语句用于循环访问对象属性或数组元素。for…in 语句的用法示例如下：

```
var obj = {x:10,y:80};
for(var i in obj){
    alert(i + ":" + obj[i])
}
```

### 7. while 循环语句

while 循环语句重复执行某条语句或某段程序。使用 while 语句时，系统会先计算表达式的值，如果值为 true，就执行循环代码块，在执行完循环的每一个语句之后，while 语句再次计算表达式，当表达式的值为 true 时，再次执行循环体中的语句，直到表达式的值为 false。while 语句的用法示例如下。

```
var i = 0;
while(i < 10){
    alert(i);
    i + +;
}
```

### 8. do…while 语句

do…while 语句与 while 语句类似，使用 do…while 语句可以创建与 while 语句相同的循环。但 do…while 在其循环结束处会对表达式进行判断，因而使用 do…while 语句至少会执行一次循环。do…while 语句的用法示例如下：

```
var i = 0;
do{
    alert(i);
    i + +;
}while(i < 10);
```

## 六、函数

函数是一个拥有名称的一系列 ActionScript 语句的有效组合。只要这个函数被调用，就意味着这一系列 ActionScript 语句被按顺序解释执行。一个函数可以有自己的参数，并且可以在函数内使用参数。其语法如下：

```
function 函数名称(参数){
    函数执行部分
}
```

在这段函数中，函数名用于定义函数名称，参数是传递给函数使用或操作的值，其值可以是常量、变量或其他表达式。

## 七、事件

事件是指用户在某事务上由于某种行为所执行的操作事件，包括添加事件、移除事件、是否包含指定事件等内容。

### 1. 添加事件

要为某个实例添加事件，首先需要在"属性"面板中设置实例名称，然后在帧脚本中通过 addEventListener 函数为实例添加事件。常用的事件包括 click（单击）、dbclick（双击）、mouseover（鼠标悬停）、mouseout（鼠标离开）。例如，为 mc 实例添加 click 事件，代码如下：

```
this.mc.addEventListener("click",mouseClickHandler.bind(this));
function mouseClickHandler(){
    alert("单击鼠标");
}
```

### 2. 移除事件

通过 removeEventListener 函数可以移除实例中指定的事件。例如，移除 mc 实例中的 click 事件，代码如下：

```
this.mc.removeEventListener("click",mouseclickhandler);
```

通过 removeAllEventListeners 函数可以移除实例中所有的事件。例如，移除 mc 实例的所有事件，代码如下：

```
this.mc.removeAllEventListeners();
```

### 3. 是否包含指定事件

通过 hasEventListener 函数可以判断实例是否包含指定事件，如果包含，则返回 true，否则，返回 false。例如如下：

```
this.mc.hasEventListener("click");
```

## 八、使用"动作"面板

选择"窗口"→"动作"菜单命令或按"F9"键，打开图 8-2 所示的"动作"面板，在其中可以编辑 ActionScript 脚本程序。

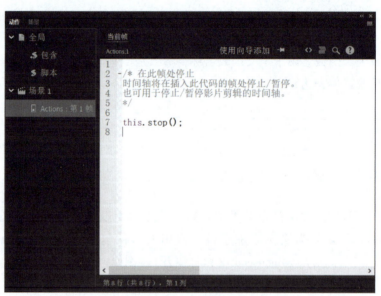

图 8-2 "动作"面板

在"动作"面板中添加脚本的方法有 4 种。

↘ **添加帧脚本**：要在某一帧上添加脚本，需要先在该帧上插入一个关键帧，然后打开"动作"面板并输入脚本代码。当动画播放到该帧时，会运行帧中的脚本程序。需要注意的是，在为关键帧添加 ActionScript 代码后，该关键帧将出现一个"a"符号，如图 8-3 所示。

↘ **引入第三方脚本**：在"动作"面板中单击"全局"下方的"包含"按钮，再单击 按钮，可以为动画引入第三方脚本文件，如图 8-4 所示。

图 8-3 添加帧脚本

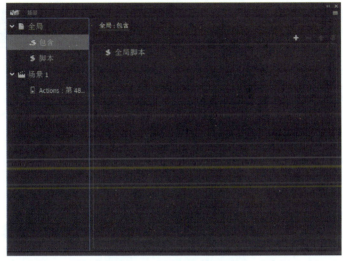

图 8-4 引入第三方脚本

↳ **添加全局脚本**：在"动作"面板中选择"全局"下方的"脚本"选项，可以定义全局脚本，在动画播放时，会首先运行全局脚本，并且启动定义的变量和函数，整个动画都可以访问。

↳ **使用向导添加**：单击"动作"面板中的 使用向导添加 按钮，只需按照向导的提示进行操作，即可完成脚本的添加，如图 8-5 所示。

图 8-5 使用向导添加脚本

### 九、使用"代码片段"面板

"代码片段"面板集成了 Animate 中编辑好的一些代码,可供用户直接选择后使用。

在"动作"面板中单击"代码片段"按钮 ,或直接选择"窗口"→"代码片段"面板。其中有"ActionScript""HTML5 Canvas"两个选项,单击对应的选项,在打开的下拉列表框中双击对应的代码选项,该代码将直接添加到动作面板中,如图 8-6 所示。

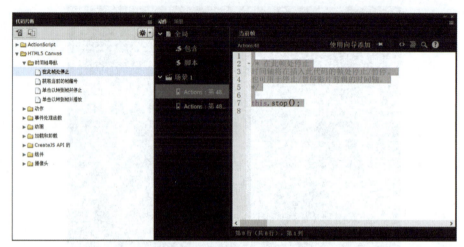

图 8-6 "代码片段"面板

## 任务实施

人与动物是一种相互依存的共生关系。人对动物的照顾与关爱,可以看作人类对外情感的一种延伸。为了让更多的人喜欢动物,爱护动物,某宠物店制作了"My Pets"相册,将不同动物图片以相册的形式推送给用户,并通过制作缩略图按钮,借助代码的方式为元件设置触发条件,使其形成动态效果。

(1)启动 Animate CC 2022,选择"文件"→"新建"菜单命令,打开"新建文档"对话框,"平台"选择"ActionScript 3.0",在右侧的"详细信息"栏中设置"宽"和"高"分别为"1200"和"700",单击 按钮。

(2)选择"文件"→"导入"→"导入到库"命令,在打开的对话框中选择"宠物相册"文件夹中的所有素材,单击 按钮,将素材导入到库中。

(3)选择场景中的"图层_1",将其重命名为"背景",将"库"面板中的"背景图.jpg"拖曳到舞台中央,并调整其位置,使其铺满整个舞台。

(4)按"Ctrl+F8"组合键,打开"创建新元件"对话框,设置"名称"为"缩略图",选择"类型"为"影片剪辑",单击 按钮,创建影片剪辑元件。舞台随之切入影片剪辑元件内部。

(5)打开"库"面板,依次拖曳缩略图中的所有素材图片至舞台,并将其转换为影片剪辑元件,按水平对齐的方式排列,并在"属性"面板中依次设置实例的名称为

"m1"~"m14",如图8-7所示。

图8-7 设置各个图片剪辑元件实例

(6)选择"选择工具",选择所有的缩略图影片剪辑元件,按"F8"键,在打开的"转换为元件"对话框中,设置"名称"为"缩略图动画",选择"类型"为影片剪辑元件。

(7)双击"缩略图动画"影片剪辑元件,进入影片剪辑元件内部,选中舞台中"缩略图"影片剪辑元件的实例,将实例名设为"mList",如图8-8所示。

图8-8 设置缩略图影片剪辑元件实例

(8)在第400帧按"F6"键插入关键帧,将第400帧关键帧上的影片剪辑元件实例水平向左移动,选中第1帧,单击鼠标右键,在弹出的快捷菜单中选择"创建传统补间"命令,创建动作补间动画,如图8-9所示。

(9)单击 按钮返回场景,在"时间轴"面板单击"新建图层"按钮,将新建的图层重命名为"缩略图"。从"库"面板中将"缩略图动画"影片剪辑元件拖曳至舞台下方,并在"属性"面板中设置其"实例名称"为"mFloat",如图8-10所示。

图 8-9 创建传统补间动画

图 8-10 缩略图图层

（10）在"时间轴"面板单击"新建图层"按钮 ，将新建的图层重命名为"遮罩"。选择"矩形工具" ，在"属性"面板中设置"填充"为"#000000"，"笔触"为 ，在舞台上绘制一个矩形。绘制完毕后，选择该图层，单击鼠标右键，在弹出的快捷菜单中选择"遮罩层"命令，将其转换为遮罩图层，如图 8-11 所示。

图 8-11 绘制遮罩矩形

(11) 按"Ctrl + F8"组合键,打开"创建新元件"对话框,设置"名称"为"大图",选择"类型"为"影片剪辑",单击 确定 按钮,创建影片剪辑元件。舞台随之切入影片剪辑元件内部。

(12) 从"库"面板中依次将各个大图拖曳到舞台中央,并依次分散到不同帧上,如图 8 – 12 所示。

图 8 – 12　大图影片剪辑元件内容制作

(13) 单击 按钮返回场景,在"时间轴"面板单击"新建图层"按钮 ,将新建的图层重命名为"大图"。从"库"面板中将"大图"影片剪辑元件拖曳到舞台上,放置在缩略图的上方,并在"属性"面板中设置其"实例名称"为"mDetail",如图 8 – 13 所示。

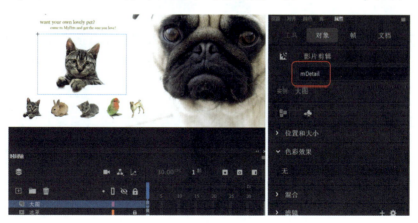

图 8 – 13　设置大图影片剪辑元件实例

(14) 在"时间轴"面板单击"新建图层"按钮 ,将新建的图层重命名为"脚本"。选中图层的第 1 帧,按"F9"键打开"动作"面板,在"动作"面板中输入如下代码:

```
this.stop();//停止动画播放
this.mDetail.stop();//停止大图影片剪辑元件播放
this.mFloat.addEventListener(MouseEvent.MOUSE_OVER, onMouseOver);/* 为缩略图动
画添加鼠标经过事件*/
function onMouseOver(event:MouseEvent):void{
    this.mFloat.stop();//停止缩略图影片剪辑元件的播放
}
this.mFloat.addEventListener(MouseEvent.MOUSE_OUT, onMouseOut);/* 为缩略图动画添
加鼠标移出事件*/
function onMouseOut(event:MouseEvent):void{
    this.mFloat.play();//开始缩略图影片剪辑元件的播放
}
for(var i=1;i<=13;i++){
    this.mFloat.mList["m"+i].Num=i; //为缩略图内各个图片的影片剪辑元件添加标记
    this.mFloat.mList["m"+i].addEventListener(MouseEvent.CLICK,onClick);
//为缩略图内各个图片的影片剪辑元件添加单击事件
}
function onClick(event:MouseEvent):void{
    //在大图影片剪辑元件中跳到所单击缩略图对应图形的帧上
    this.mDetail.gotoAndStop(event.target.Num);
}
```

(15) 按"Ctrl + Enter"组合键进行测试，可以看到，当动画运行时，大图的影片剪辑元件停止在第1帧，缩略图动画正常运行，当鼠标经过缩略图时动画停止，移出缩略图时动画播放，当单击缩略图中的某张图片时，大图影片剪辑元件会显示该缩略图图片对应的大图，如图8-1所示。按"Ctrl + S"组合键保存文件。

## 任务二　制作问卷调查表

组件是带有参数的影片剪辑元件，设计者可以根据需要对组件的参数进行设置，从而修改组件的外观和交互行为。巧妙应用组件，可以让设计者无须自行构建复杂的界面元素，只需选择相应的组件，并为其添加适当的 ActionScript 脚本，从而轻松实现所需交互功能。

### 任务目标

练习制作问卷调查表，制作时主要涉及创建组件并设置创建属性等知识。通过本任务的学习，可以掌握利用组件制作动画的方法。本任务完成后的效果如图8-14所示。

图 8-14 问卷调查表

## 相关知识

制作本任务，需要用到组件的类型、组件的操作、常用组件的使用、调试脚本程序等相关知识，下面分别对其进行介绍。

### 一、组件的分类

在 HTML5 Canvas 中，Animate 的组件有 JQuery UI、用户界面和视频三大类。其作用分别如下。

▶ **JQuery UI 组件**：JQuery 的 UI 组件包括 RaduisSet 和 DatePicker 两个组件。

▶ **用户界面组件**：主要用于设置用户交互界面，并通过交互界面使用户与应用程序进行交互操作，包括 Button、CheckBox、ComboBox、CSS、Image、Label、List、NumericStepper、RadioButton、TextInput 10 个组件。

▶ **视频组件**：只有一个用于播放视频的 Video 组件。

### 二、组件的基本操作

组件的操作主要包括添加组件、删除组件和设置组件参数等，下面分别进行介绍。

#### 1. 添加组件

选择"窗口"→"组件"菜单命令打开"组件"窗口，双击要添加的组件或将其拖动到舞台中，都可添加组件，同时，在"库"面板中也会增加该组件及其关联的资源，如图 8-15 所示。要再次使用相同的组件，可以直接从"库"面板中添加。

#### 2. 删除组件

若要从舞台中删除一个组件，只需选择该组件，然后按"Delete"键删除即可。若要从 Animate 文档中删除该组件，则必须从库中删除该组件及其相关联的资源。

#### 3. 设置组件参数

每个组件都带有参数，设置这些参数可以更改组件的外观和行为，选择"窗口"→"组件参数"打开"组件参数"对话框，在其中可以设置组件的相关参数，如图 8-16 所示。

图 8-15 添加组件

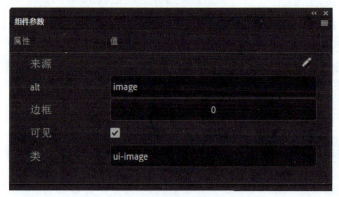

图 8-16 组件参数

### 三、认识常用组件

常用组件包括按钮组件 Button、单选项组件 RadioButton、下拉列表框组件 ComboBox、列表框组件 List、文本标签组件 Label、文本域组件 TextInput、数值框组件 NumericStepper 等。

1. 按钮组件 Button

按钮组件 Button 用于显示一个按钮。在舞台中添加 Button 组件后,需要在"属性"面板中设置 Button 组件的实例名称,在"组件参数"面板中通过"标签"参数设置按钮上显示的文本内容,如图 8-17 所示。

图 8 – 17　Button 组件参数

在脚本中通常需要捕获按钮的单击事件，并执行相应的操作，Button 组件单击事件的处理代码如下：

```
if(! this.实例名称_click_cbk){
        function 实例名称_click(evt){
            //函数代码
        }
        $("#dom_overlay_container").on("click","#实例名称",实例名称_click.bind(this));
        this.实例名称_click_cbk = true;
}
```

### 2. 单选项组件 RadioButton

单选项组件 RadioButton 用于显示一个单选按钮，通常会将多个 RadioButton 组件组成一个按钮组，单击选中其中一个单选按钮后，同一组中的其他单选按钮将自动取消选中状态。

RadioButton 组件的"组件参数"对话框如图 8 – 18 所示，其中主要参数的作用如下：

图 8 – 18　RadioButton 组件参数

▶ **标签**：用于设置单选按钮显示的标签文本。
▶ **值**：用于设置选中后返回的值。
▶ **名称**：用于设置单选按钮组的名称，同一组单选按钮的名称必须相同。

获取单选按钮组中选中的单选按钮值的代码如下。

```
var temp = $("input[name='单选按钮组名称']:checked").val();
```

### 3. 复选框组件 CheckBox

复选框组件 CheckBox 用于显示一个复选框，在使用时需要现在"属性"面板中设置实例名称，在"组件参数"面板中进行相应的设置，如图 8 – 19 所示。

图 8 – 19　CheckBox 组件参数

然后可以通过脚本判断该复选框是否被选中，如果选中，则获取复选框的值，代码如下：

```
var temp = "";
if( $("#实例名称").prop("checked")){
    Temp = $("#实例名称").val();
}
```

### 4. 下拉列表框组件 ComboBox

ComboBox 组件用于显示一个下拉列表框，在使用时，需要先在"属性"面板中设置实例名称，在"组件参数"面板中进行相应设置，如图 8 – 20 所示。单击"项目"后的 ✎ 按钮，打开"值"对话框，如图 8 – 21 所示。在其中单击 ➕ 按钮，可以为下拉列表框添加选项，其中，"label"为选项显示的文本，"data"为选项返回的值。

图 8 – 20　ComboBox 组件参数　　　　图 8 – 21　"值"对话框

通过以下代码可以获取下拉列表框中选择的选项的值：

```
var temp = $("#实例名称").val();
```

### 5. 数值框组件 NumericStepper

数值框组件 NumericStepper 用于显示一个数值框，在使用时，需要先在"属性"面板中设置实例名称,"组件参数"面板中的"值""最大""最小"参数分别用于设置数值框的默认值、最大值和最小值,如图 8-22 所示。

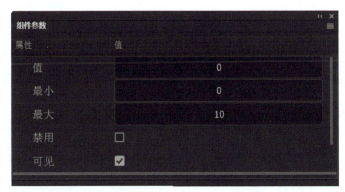

图 8-22 NumericStepper 组件参数

通过以下代码可以获取数值框中的值:

```
var temp = $("#实例名称").val();
```

6. 文本输入组件 TextInput

文本输入组件 TextInput 用于显示一个文本输入框,在使用时,需要先在"属性"面板中设置实例名称,在"组件参数"面板中进行相应的设置,如图 8-23 所示。

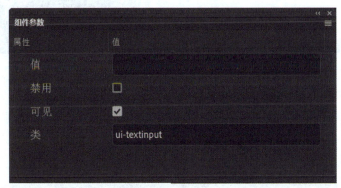

图 8-23 NumericStepper 组件参数

通过以下代码可以获取文本输入框中的值:

```
var temp = $("#实例名称").val();
```

## 任务实施

调查问卷是收集不同用户反馈信息的常见方式,它是通过问答的方式获得有用的信息,已达到获得建议并改进问题的目的。某企业计划制作 550 像素 × 410 像素的调查问卷,对产品的市场情况进行调研,方便销售部进行数据统计分析。在制作中,可采用添加组件的方式展现各种选项,便于用户快速填写和选择内容。

(1) 启动 Animate CC 2022，选择"文件"→"新建"菜单命令，打开"新建文档"对话框，在右侧的"详细信息"栏中设置"宽"和"高"分别为"500"和"410"，单击 创建 按钮。

(2) 选择"文件"→"导入"→"导入到舞台"命令，在打开的对话框中选择"背景.bmp"图像文件，单击 打开(O) 按钮，将素材导入到舞台中，调整位置使其与舞台重合，并将"图层_1"重命名为"背景"。然后在第 2 帧按下"F5"键，插入普通帧，延长背景的显示时间。

(3) 在"时间轴"面板单击"新建图层"按钮 ⊞，将新建的图层重命名为"表单"。选择"文本工具" T，输入"问卷调查"，在"属性"面板的"实例行为"栏中选择"静态文本"选项，设置"字体"为"华文行楷"，"大小"为"25 pt"，设置"填充"为"#000000"，如图 8-24 所示。

图 8-24 创建标题文本

(4) 使用"文本工具" T 再次输入"1. 您的姓名："" 2. 您的性别"" 3. 您的住址"" 4. 您从何处购得本产品："" 5. 您的对本产品有何意见和建议：""参与调查时间："" 2023 年 月"文字，在"属性"面板的"实例行为"栏中选择"静态文本"选项，设置"字体"为"宋体"，"大小"为"15 pt"，设置"填充"为"#000000"，如图 8-25 所示。

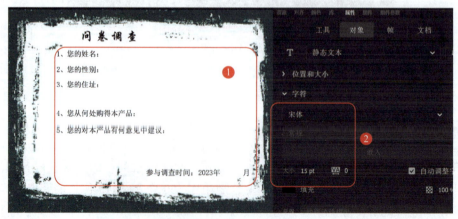

图 8-25 创建其他文本

(5) 选择"窗口"→"组件"菜单命令打开"组件"窗口,将"用户界面"下的 "TextInput"组件拖动到"您的姓名:"文字后面,在"属性"面板中设置实例名称为 "name",如图 8-26 所示。

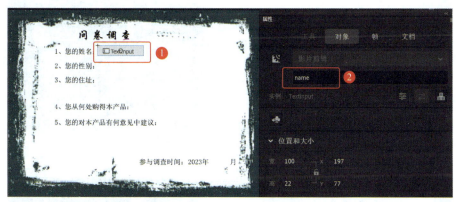

图 8-26 添加 TextInput 组件

(6) 在"组件"面板中将"用户界面"下的"RadioButton"组件拖动到"您的性别:" 文字后面,利用"任意变形工具" 适当调整其宽度,在"属性"面板中设置实例名称为 "sex",在"组件参数"面板中设置"标签"为"男","值"为"男",名称为"sex",如 图 8-27 所示。

图 8-27 添加 RadioButton 组件

(7) 利用同样的方式拖动一个"RadioButton"控件放置在已制作好的"RadioButton" 后面,利用"任意变形工具" 适当调整其宽度,在"属性"面板中设置实例名称为 "sex",在"组件参数"面板中设置"标签"为"女","值"为"女",名称为"sex"。

(8) 在"组件"面板中将"用户界面"下的"TextInput"组件拖动到"您的住址"文 字下面,利用"任意变形工具" 适当调整其宽度,在"属性"面板中设置实例名称为 "address",如图 8-28 所示。

(9) 在"组件"面板中将"用户界面"下的"ComboBox"组件拖动到"您从何处购得 本产品:"文字后面,在"属性"面板中设置实例名称为"buy",如图 8-29 所示。

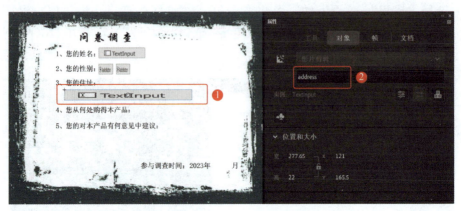

图 8-28 添加 TextInput 控件

图 8-29 添加 ComboBox 组件

（10）在"组件参数"面板中单击"项目"后的 ![] 按钮，打开"值"对话框，在其中添加 3 个选项，设置第一个选项的"label"和"data"都是"零售书店"，设置第二个选项的"label"和"data"都是"网络书店"，设置第三个选项的"label"和"data"都是"其他"，单击 ![确定] 按钮，如图 8-30 所示。

（11）在"组件"面板中将"用户界面"下的"TextInput"组件拖动到"您的对本产品有何意见和建议："文字下面，利用"任意变形工具" ![] 适当调整其宽度，在"属性"面板中设置实例名称为"advice"，如图 8-31 所示。

图 8-30 "值"对话框

（12）在"组件"面板中将"用户界面"下的"NumericStepper"组件拖动到日期文字内，在"属性"面板中设置实例名称为"month"，在"组件参数"中设置"值"为"1"，"最小"为"1"，"最大"为"12"，如图 8-32 所示。

（13）在"组件"面板中将"用户界面"下的"Button"组件拖动到舞台的右下方，在"属性"面板中设置实例名称为"submit"，在"组件参数"中设置"标签"为"确认"，如图 8-33 所示。

图 8-31 添加 TextInput 控件

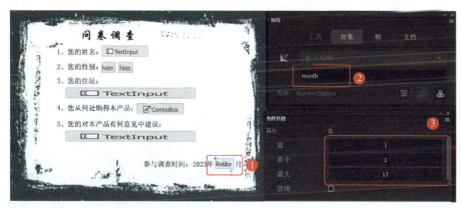

图 8-32 添加 NumericStepper 组件

图 8-33 添加 Button 组件

（14）选中"表单"图层的第 2 帧，按"F7"键插入空白关键帧，将第 1 帧的标题文字复制，按"Ctrl + Shift + V"组合键原位置粘贴到第 2 帧上。

（15）使用"文本工具"，在"属性"面板的"实例行为"栏中选择"动态文本"选项，设置"实例名称"为"msg"，"字体"为"宋体"，"大小"为"15 pt"，设置"填充"为"#000000"，在舞台中绘制动态文本区域，如图 8-34 所示。

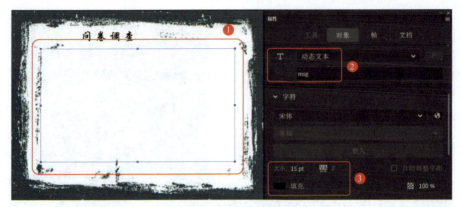

图 8-34 添加动态文本

（16）在"组件"面板中将"用户界面"下的"Button"组件拖动到舞台的右下方，在"属性"面板中设置实例名称为"back"，在"组件参数"中设置"标签"为"返回"，如图 8-35 所示。

图 8-35 添加 Button 组件

（17）在"时间轴"面板单击"新建图层"按钮 ⊞，将新建的图层重命名为"脚本"。选中第 1 帧，按"F9"键打开"动作"面板，在"动作"面板中输入如下代码：

```
this.stop();
if(! this.submit_click_cbk) {
    function submit_click(evt) {
        temp = "您的姓名:" + $("#name").val();
        temp += "\r 您的性别:" + $("input[name='sex']:checked").val();
        temp += "\r 您的住址:" + $("#address").val();
        temp += "\r 您购得产品的途径:" + $("#buy").val();
        temp += "\r 您的意见和建议:" + $("#advice").val();
        temp += "\r 参与调查的是:2023 年" + $("#month").val() + "月";
        this.gotoAndStop(1);
    }
    $("#dom_overlay_container").on("click", "#submit", submit_click.bind(this));
    this.submit_click_cbk = true;
}
```

(18) 选中"脚本"图层的第 2 帧,按"F7"键插入空白关键帧,选中第 2 帧,按"F9"键打开"动作"面板,在"动作"面板中输入如下代码。

```
this.msg.text = temp;
this.stop();
if (! this.back_click_cbk) {
        function back_click(evt) {
              this.gotoAndStop(0);
        }
        $("#dom_overlay_container").on("click", "#back", back_click.bind(this));
        this.back_click_cbk = true;
}
```

(19) 在"动作"面板中,选择"全局"下的"脚本",在其中输入如下代码用于定义全局变量。

```
var temp = "";
```

(20) 按"Ctrl + Enter"组合键进行测试,在动画的开始可以在组件中输入相关的信息,单击"确认"按钮后,在"动态文本"框中将会显示输入的信息,按"返回"键将重新返回输入界面,最终测试效果如图 8 – 14 所示。

(21) 按"Ctrl + S"组合键保存文件,完成本任务的操作。

<h2 style="text-align:center">巩固练习</h2>

1. 制作城市风景相册

制作一个城市风景相册交互动画,使用"动作"面板添加脚本语言,实现通过按钮来更改动画播放状态的目的,如图 8 – 36 所示。

图 8 – 36 城市风景相册

## 2. 制作美食问卷调查表

制作美食问卷调查表，通过组件收集用户输入的数据并显示出来，完成后的最终效果如图8-37所示。

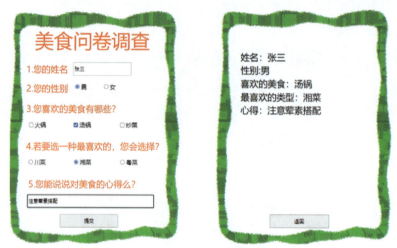

图8-37 美食问卷调查表

# 技能提升

### 1. 如何添加自定义代码片段？

在 Animate 的"代码片段"面板中可以自定义代码片段，方便以后使用。只需单击"代码片段"面板右上角的"选项"按钮，在打开的下拉列表中选择"创建新代码片段"选项，如图8-38所示。

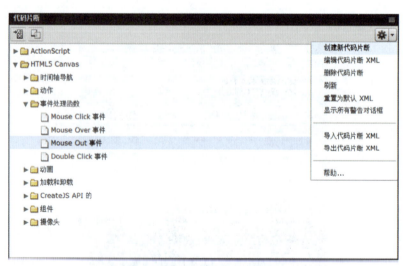

图8-38 "代码片段"面板

打开"创建新代码片段"对话框，在其中为新的代码片段输入标题、说明文本和相应的 ActionScript 代码。若代码中包含字符串"instance_name_here",并且希望在运用代码时,Animate 为其替换正确的实例名称,则需要勾选"应用代码片段时自动替换 instance_name_here"复选框,单击 [确定] 按钮,Animate 自动将新的代码片段添加到"代码片段"面板中,如图 8-39 所示。

图 8-39 创建新代码片段

### 2. 如何处理组件事件?

每一个组件在用户与其交互时都会产生广播事件。例如,当用户单击一个 Button 按钮时,会调用 MouseEvent_CLICK 事件;当用户选择 List 中的一个项目时,List 会调用 Event.CHANGE 事件。若要处理事件,则要编写该事件被触发时需要执行的 ActionScript 代码。下面介绍事件侦听器和事件对象。

▶ **事件侦听器**:事件侦听器由事件类组件和监听接口组成。自定义一个事件前,要先提供一个事件的监听接口以及一个事件类组件。用户通过调用组件实例的 addEventListener() 方法,可以注册事件的"侦听器",如图 8-40 所示。

```
1  stop();
2  start_Btn.addEventListener(MouseEvent.CLICK, nowstart);
3  function nowstart(event:MouseEvent):void{
4      play();
5  }
6  stop_Btn.addEventListener(MouseEvent.CLICK, nowstop);
7  function nowstop(event:MouseEvent):void{
8      stop();
9  }
10
```

图 8-40 添加事件侦听器

▶ **事件对象**:事件对象继承 Event 对象类型的一些属性,包含有关发生事件的信息,其中包括提供事件基本信息的 target 和 type 属性,如图 8-41 所示。

图 8-41　事件对象使用

学习笔记

# 项目九

## 导出和发布动画

【项目导读】

制作好 Animate 动画作品后,还需要对动画进行测试和优化,以查看制作的动画是否满足要求。此外,如果想将作品发布到网上,还需要进行发布,并根据需要发布为不同的格式。

【知识目标】

◇ 掌握测试动画的相关知识。

◇ 掌握优化动画的相关知识。

◇ 掌握发布动画的相关知识。

【能力目标】

◇ 能够测试和优化动画。

◇ 能够发布 H5 动态广告。

【素质目标】

◇ 提升优化动画的能力。

◇ 能够辨析动画的不同作用。

◇ 具备发现问题、解决问题的能力。

## 任务一 优化"乡村雪夜"动画

在完成动画制作后,为了降低动画播放的出错率,提高动画在网络播放的流畅性,有必要对动画进行测试和优化,从而解决动画中的错误,降低文件大小,保障动画文件正确、流畅地播放。

### 任务目标

优化"乡村雪夜"动画,操作过程包括测试与优化动画,使动画更加完美,播放效果更加流畅。通过本任务的学习,可以掌握 Animate 动画的优化与测试方法。本任务完成后的最终效果如图 9-1 所示。

图 9-1 优化动画效果

## 相关知识

任务1 相关知识

## 任务实施

任务1 任务实施

## 任务二 发布"爱利箱包"H5广告

### 任务目标

本任务将练习发布"爱利箱包 H5 广告"动画,通过本任务的学习,可以掌握发布动画的方法。本任务完成后的效果如图 9-2 所示。

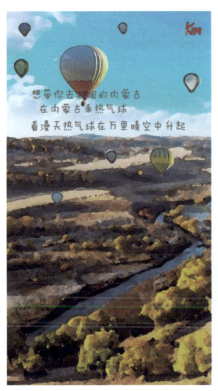 

图 9－2  发布"爱利箱包 H5 广告"动画

## 相关知识

任务 2 相关知识

## 任务实施

任务 2 任务实施

## 巩固练习

1. 发布"迷路的小孩"动画

测试"迷路的小孩.fla"动画文件并进行优化,最后发布,最终效果如图 9－3 所示。

图 9-3 迷路的小孩

2. 导出"新春宣传"广告动画

将"新春宣传广告动画.fla"导出为 GIF 动画,并设置其播放次数为循环播放,完成效果如图 9-4 所示。

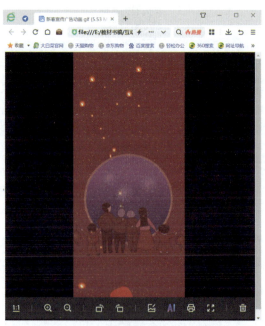

图 9-4 导出新春宣传广告动画

# 技能提升

### 1. 怎样导出动画文件中的矢量图？

选择要导出矢量图的帧，再选择"文件"→"发布设置"菜单命令，打开"发布设置"对话框，在右侧选中"SVG 图像"复选框，单击 发布(P) 按钮，即可将当前帧的内容导出为 SVG 图像文件。SVG 图像文件是一种矢量图像文件，可以使用 Adobe Illustrator 打开和编辑。

### 2. 怎样导出"库"面板中的位图素材？

在"库"面板中的位图素材上单击鼠标右键，在弹出的快捷菜单中选择"编辑方式"菜单命令，在打开的"选择外部编辑器"对话框中选择一种图像编辑软件，如 Photoshop，如图 9–5 所示，单击 打开(O) 按钮，可使用 Photoshop 打开并编辑位图，直接保存可更新 Animate 中的位图素材，另存即可导出该位图。此后，在位图素材的右键菜单中将增加一个"使用 Adobe Photoshop 进行编辑"命令，选择该命令可以直接使用 Photoshop 软件打开位图素材，如图 9–6 所示。

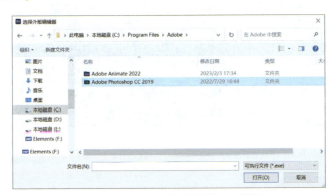

图 9–5 "选择外部编辑器"对话框

图 9–6 "使用 Adobe Photoshop 进行编辑"命令

### 3. 如何导出视频？

使用 Animate 的导出视频功能可以将动画导出为视频文件。选择"文件"→"导出"→"导出视频/媒体"命令，打开"导出媒体"对话框，在其中进行相应设置后，单击 导出(E) 按钮即可导出视频文件，如图 9-7 所示。

图 9-7 "导出媒体"对话框

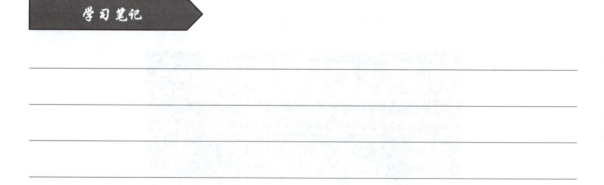

# 参 考 文 献

[1] 文杰书院. Animate 2022 动画设计与制作(微课版)[M]. 北京:清华大学出版社,2022.

[2] 戚大伟,许梅. Animate CC 动画制作核心技能一本通[M]. 北京:人民邮电出版社,2022.

[3] 邱相彬. Animate 交互动画课件设计与制作[M]. 北京:电子工业出版社,2021.

[4] 曾凡涛. Animate 动画设计教程(微课版)[M]. 北京:人民邮电出版社,2022.

[5] 段天然,杨蕙萌. Animate 2022 二维动画设计与制作(微课视频版)[M]. 北京:清华大学出版社,2023.

[6] 湛邵斌. Animate CC 实例教程(全彩微课版)[M]. 北京:人民邮电出版社,2021.

[7] 潘强. Animate CC 2019 核心应用案例教程(全彩慕课版)[M]. 北京:人民邮电出版社,2020.

[8] 宋晓明,司久贵. Animate CC 2019 动画制作实例教程[M]. 北京:清华大学出版社,2020.

[9] 王洪江. Animate 动画制作案例教程(全彩微课版)[M]. 北京:人民邮电出版社,2022.

[10] 王德永. Animate 动画设计与制作实例教程(Animate CC 2019)[M]. 北京:人民邮电出版社,2022.